世界第一簡單

無人機

ドローン大学校代表理事　名倉真悟◎著

ドローン大学校◎編

臺灣大學光電所、電子所、電機系特聘教授　林清富◎審訂

陳朕疆◎譯　深森あき◎作畫

TREND · PRO ◎製作

前言

　　在天空中飛翔──這是人類自古以來的夢想。在萊特兄弟飛上天空的一百多年後，人類又發展出了另一種飛上天空的技術。

　　那就是無人機。

　　無人機不只是休閒娛樂，更是目前產業界中備受矚目的技術之一。許多人都對這項技術隱藏的可能性寄予厚望，期待能看到更多新的商業模型。

　　無人機不只有趣且實用，更被認為能應用在許多產業上，未來一定會變得更加普及。從休閒娛樂用的玩具無人機，到商務用的大型無人機，無人機的廠牌與機種與日俱增，市場也在急速擴大中。

　　一些簡單的玩具無人機甚至可以使用智慧型手機的app來操作。任何人都能在購買之後，馬上就熟悉這種無人機的操作。

　　相對的，無人機也隱含了某些危險。

　　如果無人機墜落在人群聚集的地方就可能會造成傷亡，而如果無人機在機場附近飛行，也可能會造成飛安問題……隨著無人機的普及，這類事故、事件也隨之增加。

　　不過請放心，為了讓無人機能安全地應用在各個產業上，各國政府都陸續制定了許多無人機飛行的相關法律，來限制無人機的飛行空域及飛行方式。因為無人機能輕易上手，所以也容易被濫用。既然如此，就該限制無人機的活動，這也是理所當然的。

　　但我擔心的是，在規定複雜化之後，會不會將許多無人機的新手拒於門外呢？這樣會不會讓無人機的市場停止成長呢？

　　所以我在2016年創立了一般社團法人「無人機大學校」，以及

線上沙龍「無人機大學院」，以培養職業無人機操控員及推廣無人機的應用為目標，目前已有超過400名的結業生。

在我致力於推廣無人機相關知識的過程中，我認為需要一本簡單易懂的教科書來幫助課堂上的學生學習，並讓想接觸無人機的一般大眾更加瞭解無人機，於是我編纂了這本書。

「這個操作對初學者來說會不會很困難呢？」「這種說明方式會比較好懂嗎？」「若是照這個順序教學會比較好理解嗎？」……我把我回答這些問題的經驗，全都灌注在本書中。

編纂本書時，我受到了許多結業生、聽講生、講師、工作人員的幫助，請讓我借用這個地方感謝各位。出版本書時也受到了立教大學商學院田中道昭教授的幫助與指導，在此致上謝意。協助製作漫畫的劇本作家星井博文先生、負責作畫的深森あき老師、TREND・PRO公司、出版商株式會社Ohmsha，非常感謝你們的幫忙。

如果本書能夠創造出新的無人機產業，幫助各位活躍於這個社會，那就太棒了。

一般社團法人 無人機大學校
代表理事 名倉真悟

目　錄

序　章

無人機！現身！

4

未來，

會有很多無人機在空中航行喔。

無人機的世界……

七年後——

黑心公司（股）

唔？那件事的話……

好～

客人在等喔——

快交資料

好的

有客人問問題

好的

快來開會！

好的——

送出郵件！

累癱…

唉——

一整天都忙得團團轉……

上司

空野，今晚拜託妳確認庫存囉。

咦！

※臺灣無人機相關法規請見附錄。

12

第1章

無人機的基礎知識

14

就從無人機基礎知識開始學習吧。

會議室？

那麼首先…

嗶

噗

咦？在這裡嗎？

這裡不能飛無人機吧？

嗚嗚，只能坐著聽課嗎……

連規則都不知道，怎麼可能讓妳練習操控無人機呢？

有個問題想先問清楚……

無人機和遙控飛機差別在哪裡？

我一直覺得疑惑……

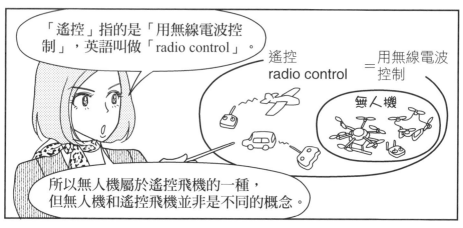

「遙控」指的是「用無線電波控制」，英語叫做「radio control」。

遙控
radio control ＝ 用無線電波控制

無人機

所以無人機屬於遙控飛機的一種，
但無人機和遙控飛機並非是不同的概念。

一般大眾會傾向「將遙控飛機與無人機視為完全不同的東西」，

不過若用汽車來比喻，我們可以說「一般汽車＝遙控飛機」「有自動駕駛裝置的汽車＝無人機」。

遙控飛機
一般汽車

無人機
有自動駕駛裝置的汽車

自動駕駛

咦，是這樣啊，

可以**自動駕駛**嗎？

※審訂註：其實就定義上來說，無人機和遙控飛機並沒有明顯區別，可視為相同。

沒錯，無人機可以依照事先擬定好的路線自動飛行。

設定 A→B

哦——

因為無人機如此方便，所以可以運用在許多工作上喔。

運輸

設備檢查

攝影

灑農藥

無人機真的是高科技產品耶……

順帶一提，無人機這個稱呼是俗名，國際上的正式名稱是

UAS或**UAV**。

原來不是叫做drone啊！

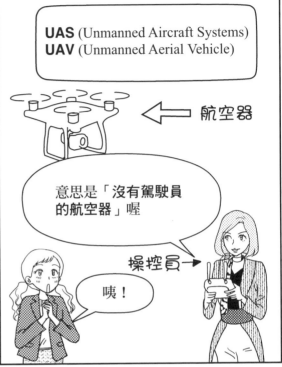

UAS (Unmanned Aircraft Systems)
UAV (Unmanned Aerial Vehicle)

← 航空器

意思是「沒有駕駛員的航空器」喔

操控員 →

咦！

另外，日本航空法對無人機的定義是這樣。

日本航空法對無人機的定義

「結構上無法載人，且可透過遠端操控或自動駕駛飛上天空的飛行器」

無人機大致上可以分成兩類。

商用和休閒娛樂用。

兩者有什麼區別嗎？

價格不同，而且商用型的耐久性與功能也比較強。

商用

休閒娛樂用

高價

便宜

堅固

脆弱

多功能、高性能

特定功能

耐久性
功能
價格

還有，重量不同的無人機，適用的法律也不一樣。這個之後再詳細說明吧。

接著就來詳細說明無人機本體的結構吧。

就是這個♡

期待已久的實物♪

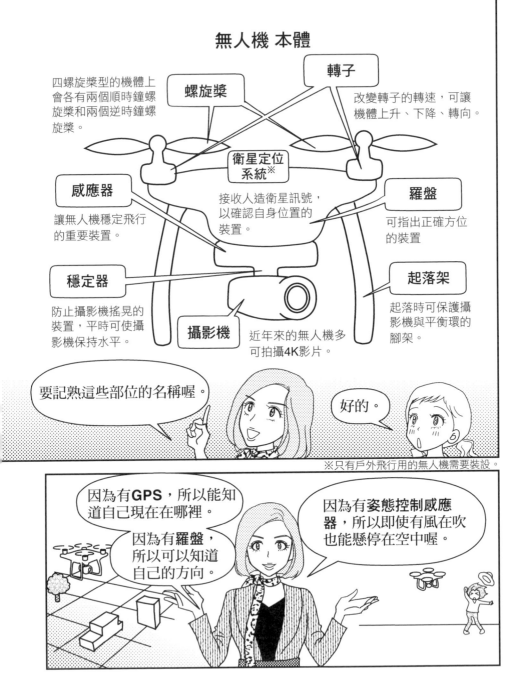

無人機 本體

轉子
改變轉子的轉速，可讓機體上升、下降、轉向。

螺旋槳
四螺旋槳型的機體上會各有兩個順時鐘螺旋槳和兩個逆時鐘螺旋槳。

衛星定位系統※
接收人造衛星訊號，以確認自身位置的裝置。

感應器
讓無人機穩定飛行的重要裝置。

羅盤
可指出正確方位的裝置

穩定器
防止攝影機搖晃的裝置，平時可使攝影機保持水平。

攝影機
近年來的無人機多可拍攝4K影片。

起落架
起落時可保護攝影機與平衡環的腳架。

要記熟這些部位的名稱喔。

好的。

※只有戶外飛行用的無人機需要裝設。

因為有**GPS**，所以能知道自己現在在哪裡。

因為有**羅盤**，所以可以知道自己的方向。

因為有**姿態控制感應器**，所以即使有風在吹也能懸停在空中喔。

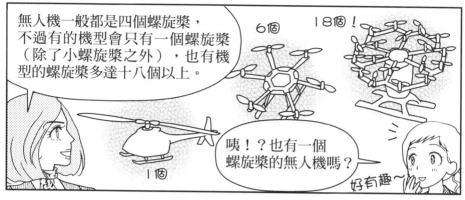

無人機一般都是四個螺旋槳，不過有的機型會只有一個螺旋槳（除了小螺旋槳之外），也有機型的螺旋槳多達十八個以上。

6個

18個！

1個

咦！？也有一個螺旋槳的無人機嗎？

好有趣～

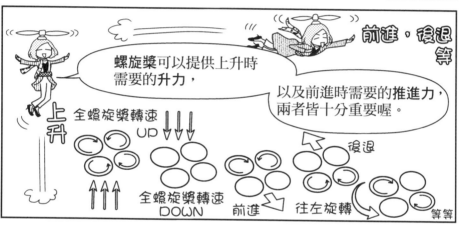

螺旋槳可以提供上升時需要的升力，

前進、後退等

以及前進時需要的推進力，兩者皆十分重要喔。

上升

全螺旋槳轉速 UP

後退

全螺旋槳轉速 DOWN

前進

往左旋轉

等等

螺旋槳要幾個才行呢？

喀拉 喀拉

螺旋槳越多個，安全性越高喔。

螺旋槳少 故障

無法繼續飛行

螺旋槳多

故障

不會馬上墜落

就算其中一個螺旋槳或轉子故障，也比較不會馬上墜落。

原來如此！

大小相同的螺旋槳，數量越多升力就越強，可以載運比較重的東西。

螺旋槳少

螺旋槳多

輕的東西

重的東西

升力弱

升力強

重的東西嗎⋯⋯
該不會⋯⋯

可以載人嗎？

不只是人，未來應該可以載更重的東西喔。

好期待♡

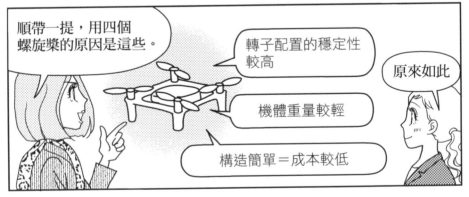

順帶一提，用四個螺旋槳的原因是這些。

轉子配置的穩定性較高

機體重量較輕

構造簡單＝成本較低

原來如此

再來，**法律**也是操控無人機時需注意的重點。

法律

無人機的相關法律很多，光是重要的法律就有這些。
（此為日本的情況）

小型無人機等飛行禁止法 ←規定禁止飛行的地點。

航空法 ←規定在獲得許可的情況下可飛行的地點，以及需獲得許可的飛行方法。

道路交通法 ←在道路上升降無人機、操作無人機時需遵守的規定。

個人資訊保護法 ←規定如何處理拍攝到的資料。

民法 ←在他人土地飛行時的規定。

電波法 ←使用到需使用執照的電磁波時的規定。

都道府縣、市町村條例 ←地方的規定。

咦～～～

要把這些都讀懂才可以嗎？

當然！

不懂法律的人就不是專業人士。

好的……

在日本操控無人機時，不需要執照……

耶～！

但要是什麼都不知道就來玩無人機，可能會因違反法律而被罰款喔。

NO—！

所以妳才說要去學校學是嗎？

就是這樣。

首先，同樣是無人機，**重量不同的無人機**，適用的法律也不一樣。

什麼意思呢？

依照日本的《航空法》，總重量在200g以上的無人機屬於無人航空機，適用不同的規定。

受限制對象

無人航空機	機體本體重量與電池重量合計 大於200g的無人機
航空機	機體本體重量與電池重量合計 未滿200g的無人機

那就先用比較輕的無人機瘋狂練習就好了吧！

Nice Idea !

即使如此，因為有人在操控，所以還是要遵守日本的「小型無人機等飛行禁止法」！

啊——

不可以擅自升起無人機！

與機體大小重量無關，所有「無人機」都要遵守這個法律才行喔！

遙控飛機也是！

小型無人機等飛行禁止法

所以說，要是沒有讀熟規則還是不行嗎……

當然！

這也是為了避免在不知不覺中變成犯罪者啊。

好的。

另外，

她對無人機還是什麼都不懂，讓那三個人來教育她吧。

咦⋯您該不會是指⋯

沒錯。

她挺得過這個超級講師群的訓練嗎？

1. 無人機也是飛機，所以必須遵守 臺灣的《民用航空法》！ ::::::

依照臺灣《民用航空法》（遙控無人機專章），無人機（無人航空機）的定義如下。

> 遙控無人機管理規則法（民國110年11月26日修正）
>
> **第3條** 遙控無人機依其構造分類如下：
> 一、無人飛機。
> 二、無人直昇機。
> 三、無人多旋翼機。
> 四、其他經交通部民用航空局（以下簡稱民航局）公告者。

另外，美國聯邦航空總署（FAA：The Federal Aviation Administration）稱無人機為「Unmanned Aircraft Systems（UAS；無人機系統）」。若將這裡的「人」解釋成操控者，則無人機的定義可解釋如下。

> 可遠端操控或自動操控，且操控者不需搭乘在上面的航空機。

也就是說，無人機就和大型航空公司的客機，以及戰爭用的戰鬥機一樣，都屬於「航空機」。惟有「操控者不需搭乘於其上」這點和其他航空機不同。因此，操控及使用無人機時也須遵守臺灣《民用航空法》的規定。

2. 哪家廠商的無人機比較厲害呢？　::::::

雖然都叫做無人機，種類卻十分多樣。依照用途可大致分為以下三種。

①軍事、防衛用（代表機種：General Atomics Predator RQ-1）

②休閒娛樂用（代表機種：大疆MAVIC 2 PRO）

③商用（代表機種：PF1）

無人機最初的開發及發展目的是①的軍事、防衛用。使用這種無人機偵查或攻擊敵人，便可避免自家飛行員遭遇危險。事實上，從1990年的波斯灣戰爭開始，軍隊便已正式使用無人機進行偵察與轟炸任務。

不過近年來備受矚目的領域卻是②與③。

以總公司位於中國深圳的大疆為首，包括總公司在法國的Parrot、總公司在美國加州柏克萊的3D Robotics公司等，都是②與③領域中的代表廠商。

每家廠商的產品各有其特徵，大疆在多軸飛行器方面是世界級的龍頭企業，市占率超過70%。Parrot集團senseFly的產品eBee（固定翼型）專長為廣範圍攝影。此外，在物流領域，以及重視安全航行的設備檢查領域中，研究、生產需考慮載重量之機體的日本公司自律控制系統研究所（ACSL）、Prodrone Co., Ltd也有許多備受期待的產品。

3. 為什麼每台無人機的螺旋槳數目各有不同？

無人機的機體形狀可以分成以下三種。

①單軸型（一個轉子＝一個可產生升力的螺旋槳，皆為旋翼）

②多軸型（多個轉子＝多個可產生升力的螺旋槳，皆為旋翼）

③VTOL型（Vertical Take-Off and Landing Aircraft：垂直起降機型，同時具有固定翼與旋翼的特徵）

而多軸型還可依照轉子數（也就是馬達的個數）分成以下幾種：

三軸無人機 → 三個螺旋槳

四軸無人機 → 四個螺旋槳

六軸無人機 → 六個螺旋槳

八軸無人機 → 八個螺旋槳

若使用的螺旋槳相同，那麼當螺旋槳個數越多，升力就越大。因此，如果要搭載電影攝影機之類的重型裝備，就需選用螺旋槳數量較多的機體，出狀況時比較不會嚴重毀損。另一方面，螺旋槳較少的機體，結構比較簡單，價格便宜之餘，飛行消耗的能量也比較少。

●單軸無人機的例子YAMAHA FAZER R：L31
　（照片提供：YAMAHA發動機）

●三軸無人機的例子（螺旋槳有三個）YI Technology Erida
　（引用自YI Technology Web網站）

●四軸無人機的例子（螺旋槳有四個）大疆Mavic 2 Pro
　（照片提供：大疆 JAPAN）

●六軸無人機的例子（螺旋槳有六個）ACSL PF1
　（照片提供：自律控制系統研究所）

●八軸無人機的例子（螺旋槳有八個）大疆AGRAS MG-1P RTK
（照片提供：大疆JAPAN）

●八軸無人機的例子（螺旋槳有八個）YMR-08：L80
（照片提供：YAMAHA發動機）

●VTOL型Aerosense AS-DT01-E
（照片提供：Aerosense）

4. 無人機的歷史 ::::::

　　由無人機的發展歷史，可以看出無人機的必要結構、使用目的，以及其他特徵。

　　一般認為，歷史上第一台無人乘坐之航空機——也就是無人機——是1918年開發出來的Kettering Bug。

① Kettering Bug

Kettering Bug於1918年被開發出來，是第一次世界大戰中的無人飛行炸彈。

機體由木材與紙板製成，搭載了量產型引擎。在升空前需先計算引擎要轉多少圈，機體才會飛抵目標地點。升空後，當引擎的累積旋轉圈數達標，引擎會自動停止，固定機翼的螺栓也會脫落，使得180磅（約81 kg）的炸彈往地面墜落，當炸彈抵達地面，就會因為衝擊而被引爆。

② de Havilland DH.82B Queen Bee

de Havilland DH.82B Queen Bee是1935年製造的軍事演習用假想敵機。

他們改造了載人練習機de Havilland DH.82 Tiger Moth，在駕駛艙後方裝上能夠無線控制的氣壓型伺服單元（servo unit），以此控制操控桿，來實現無人飛行。

③ BQ-7

BQ-7改造自第二次世界大戰的美國陸軍主力轟炸機，B-17轟炸機。這個BQ-7被暱稱為drone，而這個稱呼也一直被沿用至今，成為無人機的代稱。在第二次世界大戰歐洲戰線的「Aphrodite作戰」中，BQ-7搭載了高性能炸彈，執行突襲轟炸的任務。

為了確認機體狀態，並執行相應的操作，BQ-7也搭載了攝影機與無線通訊裝置。

然而BQ-7沒辦法遠端解除炸彈的安全裝置，這是它的一大缺點。

④ RQ-1 Predator

到了1995年，出現了活躍於戰場上的無人機RQ-1 Predator。RQ-1的R是偵查（Reconnaissance）的意思，Q則是代表無人機，皆為美國國防部使用的符號。1則代表這是無人偵查航空機的第一個產品。

另外，該無人機經改良後可搭載武器，故於2005年時將R改成了代表多用途的M（Multi），成為MQ-1。

由此可知，無人機需具備飛行功能、控制機體功能、遠端操作功能，以及能夠完成飛行以外之目的，並安全返回的功能。

5. 無人機的主要機種

::::::

不論是休閒娛樂用的無人機，還是商用無人機，目前都在迅速發展當中。以下就來介紹幾個主要的無人機製造商。

一般認為，總公司位於大阪府大阪市的KEYENCE於1989年推出的「GYRO SAUCER E-170」，是世界第一個被稱做「無人機（drone）」的無人航空機商品。不過真正在全世界引起風潮的第一個「無人機」，應為法國Parrot於2010年推出的AR.Drone，以及中國大疆於兩年後的2012年推出的Phantom。

（1）AR.Drone

AR.Drone搭載了六軸螺旋槳，以及可偵測高度的超音波感應器，使其能夠穩定飛行。用手上的智慧型手機或平板電腦，便可直觀且自由地操控螢幕的傾斜角度。可進行FPV飛行（用裝在機首或底部的相機一邊拍攝一邊飛行），若裝上拿普龍（發泡聚丙烯，EPP）製的螺旋槳保護罩，則可在室內安全飛行，所以發售時便迅速普及至世界各地。

每年AR.Drone都會大幅度改款，使其相機性能、飛行時間及飛行性能有飛躍性提升。而且，只要使用者註冊AR.Drone的用戶社群「AR.Drone Academy」，就可以將自己拍攝的影像與飛行資料分享給全世界的AR.Drone用戶，也可以將自己的飛行路徑以3D形式記錄、顯示，是相當先進的服務。

目前該公司的主打商品為主要用於空拍的Bebop Drone產品。Bebop可使用2.4 GH、5 GHz（在日本，5 GHz需要使用執照），操作範圍（通訊距離）為2km，且機體前方裝設有1,400萬像素魚眼鏡頭的攝影機，可拍攝視角180°的超廣角影片。

另外，生產及販售固定翼無人機「eBee」的senseFly公司為Parrot集團的商用無人機子公司。senseFly公司是目前無人機地圖繪製的領導者。

（2）Phantom

現在的Phantom是一種價格合理的機種，在無人機普及的過程中後來居上。然而當初的Phantom卻是一台機體重達1 kg，連續飛行時間約10分，只裝有運動攝影機「GoPro」基座的無人機而已。

不過，不久後推出的Phantom 2卻在多種性能上都出現了大幅的提升。持續飛行時間達25分，可高精度飛行、穩定懸停，亦可自動返回及自動降落等。另外，還可裝設空拍防震動時不可或缺的穩定器。Phantom 2推出後，一口氣將無人機空拍活動推廣到了全世界。

在這之後，Phantom的性能一年比一年更佳，Phantom 4裝設了前方攝影機，飛行時可自動迴避障礙物，按下遙控器的鈕後，就可以「開始‧停止」攝影，或者控制快門拍攝照片。轉動遙控器的旋鈕，則可改變攝影機的角度。

推出Phantom系列的大疆公司有許多產品線，包括小型的Spark、Mavic系列，大型的Inspire系列，專業人士用的Matrice系列等，是世界級的多功能無人機領導品牌。總公司位於有著中國矽谷之稱的深圳。

（3）ACSL

2018年，自動控制系統研究所（ACSL）成為第一個在東京證券交易所Mothers市場（新創企業交易市場）上市的日本無人機廠商。ACSL創立於2013年11月，利用千葉大學名譽教授野波健藏於1998年開發出來的全自動控制無人機技術，在日本開創出了新型空中產業。

「ACSL-PF1」可以進行多種客製化，裝設高解析度攝影機與穩定器後，可用於設備檢查；裝設捕捉器後可用於物流；裝設散播裝置後可用於農業；裝設雷射感應器與測量機器後可用於測量，是一個有多種用途的純日本製無人機平台。在測試實驗中，當連接電源線，ACSL-PF1可以連續飛行100小時而不會有零件故障，耐久性相當高。另外它也可以在全自動控制的模式下升空、落地，完成升空→依特定路線飛行→降落的旅程。

（4）YMR

日本農林水產省的外圍團體——一般社團法人農林水產航空協會為了改善農藥散布方式，於1980年左右便開始研究RCASS（Remote Control Splay System）機體，目標是要用無人機散布農藥。當初農林水產航空協會獨自開發了雙軸反轉式無人直升機，後來則委託YAMAHA發動機開發世界第一個正式的產業用無人直升機。但開發出來的產品結構相當複雜，總重量超過100 kg，操控穩定性不夠好，成本過高，所以沒有投入實用，於1988年3月結束研究計畫。

YAMAHA發動機在開發RCASS的同時，也在1985年左右，與模型直升機大廠HIROBO合作，開始推動附尾翼無人直升機的研發計畫。到了1987年，YAMAHA產業用無人直升機第1號模型「R-50（L09）」正式完成。這個由YAMAHA發動機開發的Aero-robot YAMAHA「R-50」，是世界第一個乘載量達20 kg，正式用於藥劑散布的無人直升機。

之後歷經多次改良，至今YAMAHA的產業用多軸無人機「YMR-08」仍在世界各處活躍著。

6. 無人機的結構 ::::::

（1）為什麼無人機飛得起來？

不管是載人的直升機，還是無人機，飛起來的原因都相同。轉子可帶動螺旋槳旋轉，使螺旋槳上下的氣壓產生差異。當螺旋槳上方的氣壓比下方的氣壓低，就會有一股拉力將螺旋槳往上拉（升力，將物體垂直向上拉升的力量），如此一來便能讓機體上升。

再來，同時使用多個螺旋槳，並分別調整各螺旋槳的轉速，就可以讓無人機自由上升／下降、前進／後退、左／右移動。事實上，仔細觀察飛行中的無人機螺旋槳，會發現相鄰的螺旋槳旋轉方向剛好相反。

想讓無人機前進時，會讓機體前方下傾。左右移動時也一樣，會讓前進方向的機體部份下傾。只要讓其中一側的螺旋槳轉速下降，就可以讓那一側的機體下傾，往那個方向移動。如果要讓四軸無人機旋轉，則需讓其中一條對角線上的螺旋槳轉速降低。

（2）無人機的運動機制

無人機需靠轉子（馬達）轉動螺旋槳才能移動。大疆Phantom系列的多軸無人機所搭載的馬達，是所謂的無刷馬達（brushless motor）。

無刷馬達顧名思義，就是沒有電刷的馬達。相對的，學校自然科課程中提到的電刷馬達則是需要讓電刷與整流子持續摩擦旋轉，使用時會逐漸磨損。無刷馬達則是透過特殊電路驅動其旋轉，可以減輕維護的負擔。而且，無刷馬達可以透過名為Hall IC的磁場感應器持續監測馬達狀態，故可穩定控制其速度，當發生馬達負荷過重、線路接觸不良、斷線等異常狀況，可以馬上停止馬達運作，並發出警告訊號，以提高無人機的安全性。其他還有速度可控範圍廣、均勻扭矩（flat torque）、高功率等優點。

另外，將訊號送至轉子的零件叫做ESC（Electric Speed Controller）。也可以說，ESC就是控制轉子旋轉速度的零件。原則上，無人機搭載的ESC數量會與轉子數量相同。

ESC的輸出端有三條電線，電流可控制轉子的旋轉。隨著轉子位置的不同，ESC會輸出不同方向、不同大小的電流，使轉子能夠持續旋轉。也就是說，無刷馬達中的ESC，扮演著一般馬達中整流子及電刷的角色。

相對的，ESC的輸入端也有三條電線，分別是連接到電源正負極的電源線，以及從FC（Flight Controller）接收訊號的訊號線。其中，FC會蒐集來自陀螺儀感應器、加速度感應器、氣壓感應器、超音波感應器、磁場方位感應器、GPS等裝置的資訊，以控制機體的行動。

（3）無人機的感應器

①陀螺儀感應器與加速度感應器

陀螺儀感應器可以計算機體傾斜的角度，是穩定機體時不可或缺的感應器。相對的，與陀螺儀感應器十分相似的加速度感應器，則用於檢測速度。陀螺儀感應器與加速度感應器的組合，可以同時計算「傾斜狀況」與「速度」兩者的變化量，並控制機體往傾斜方向的反方向拉回，保持機體平衡，懸停於空中。簡單來說，陀螺儀感應器與加速度感應器就是能夠保持無人機姿態平衡的重點感應器。

②氣壓感應器與超音波感應器

高度越高時，氣壓感應器會測到越低的氣壓，故無人機可參考氣壓數字，以維持在特定高度。不過畢竟這只能用來偵測氣壓，要是遇到陣風或其他原因造成的氣壓變化，就有可能會失去功能。

超音波感應器可以利用超音波的回聲來感應自身高度。在無人機起飛或降落時，如果位於地表附近的無人機沒辦法透過氣壓感應器蒐集到足夠的高度資訊，就會用到超音波感應器。在高空使用氣壓感應器，在地表附近使用超音波感應器，兩種感應器的組合搭配，便可讓無人機在每個高度區間都能維持一定高度。

③磁場方位感應器與IMU

磁場方位感應器有時也直接稱做羅盤，可感應地球的磁場（地磁），藉此瞭解無人機目前朝向東西南北哪個方向。不過，地磁的北邊（磁北）與地圖的北邊有一定差異，即磁偏角。而且隨著時間與地點的不同，磁偏角也不大一樣。舉例來說，札幌的磁北比地圖北邊往西偏了9°，那霸卻只偏了

5°（參考自日本國土地理院網站）。因此，若換一個地方飛無人機，就需進行「羅盤校正」，重新確認磁場感應器所指示的北方，與實際北方間的差異。

④IMU

　　GPS是全球衛星導航系統（GNSS：Global Navigation Satellite System）的一種，是美國的衛星系統。就像汽車的導航系統與智慧型手機的位置資訊服務一樣，無人機可接收GPS的電波，藉此判斷自身所在位置，並設定好飛行路線的經緯度自動飛行，或是可以懸停在某個固定位置。這就是所謂的「衛星定位系統」，用於戶外飛行的無人機多會裝設相關的電波收訊器。不過，就像汽車在進入隧道後，導航系統會失效一樣，無人機使用GPS時也有可能會突然收不到訊號。因此，為了維持無人機的安全飛航，操控者需隨時注意GPS電波的接收狀況。

　　另外，包括Phantom在內的某些多軸無人機，不僅會接收GPS訊號，也會同時接收俄羅斯衛星系統GLONASS的訊號，偵測機體本身的位置。

　　這些控制機體姿態的感應器通稱為IMU（慣性測量單元：Inertial Measurement Unit）。

　　當出現「IMU錯誤訊息」「機體不穩定」「羅盤方向不對」「穩定器傾斜」等狀況，就需進行「IMU校正」。請養成攝影前以及在他處飛行前，一定要進行IMU校正的習慣。

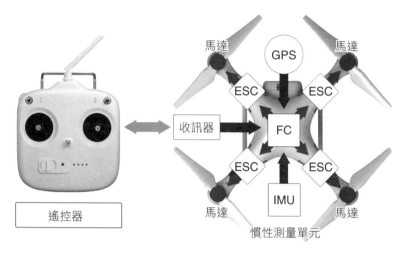

馬達　GPS　馬達

ESC　ESC

收訊器　FC

ESC　ESC

IMU

馬達　馬達

慣性測量單元

遙控器

●無人機的機體構造

Memo

第**2**章

升起無人機之前的準備

54

我也不是什麼都沒學過喔！

嗡——

成功了！飛起來了！

哦、哦哦！

我♡無人機

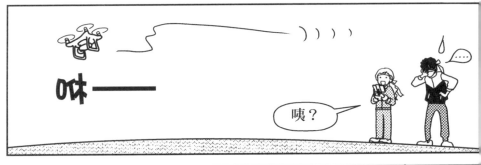

咻——

咦？

咦——！？

沒辦法穩定飛行耶……

呼呼！

因為沒連上GPS啊。

56

要是掉下來砸到人怎麼辦!

非常抱歉……

總重量1.5 kg的無人機從150 m高的地方掉下來時,時速可達194 km!

1.5kg

150m 以194 km/h的速度撞擊……

會死人的!

NEWS
無人機砸下來造成群眾受傷

實際上也曾引發事故喔!

非常抱歉…

嗡——

飛回來了……

漂亮地降落……

嘩

嘀咚

58

聽好囉？

要飛無人機之前啊…

臉太近了吧……

①瞭解安全飛行的方法

知道在哪些地方飛行需要獲得許可，瞭解哪些飛行方式可被允許，以及飛行前後的機體檢查。

②習慣操作

基本操作。

③習慣視角

包括操控者視角與無人機視角。

④應對意外狀況的訓練

包括通訊障礙、電力耗盡、風、墜落等。

最少也要經過這些訓練才行！

今天是操控訓練。

所以會教妳①的機器檢查，還有②、③、④喔！

拜託你了！

Yeah!

妳有真的理解自己操控的無人機有哪些功能嗎？

嗯……大概。

不同機種的功能也各不相同，一定要仔細確認。

特別是各機種的這些功能，一定要好好確認！

指示器的意思

自動回航模式

強制墜落功能

好的，就像柔道的受身練習一樣對吧！

操控無人機時的安全也很重要！

喔喔！沒錯！就是這樣！

言是毒上加毒吧……

繼續看會變成痟毒啊……

				項目	記錄
升空前	機體	螺旋槳		有裂開嗎？	
				邊緣有破損嗎？	
				有變形嗎？	
				有脫落嗎？	
				旋轉平順嗎？	
				會碰到螺旋槳保護罩嗎？	
		螺旋槳保護罩		有變形嗎？	
				有脫落嗎？	
		LED		有裂開嗎？	
		各個螺絲		螺絲有鬆脫嗎？	
		感應器		障礙物感應器有髒污嗎？	
		穩定器		運作狀況有異常嗎？	
		相機鏡頭		有裂痕或髒污嗎？	
				使用的ND濾鏡與PL濾鏡恰當嗎？	
		microSD卡		有正確插入嗎？	
	遙控器	搖桿		動起來平順嗎？	
		各按鈕		按下後可正常回彈嗎？	
		轉盤		動起來平順嗎？	
		天線		有斷裂嗎？	
				動起來平順嗎？	
		LED		會正常發亮嗎？	
				電力足夠嗎？	
	電池	外部		有裂開嗎？	
				有破損嗎？	
				有變形嗎？	
		內部		有漏液、異常發熱嗎？	
		LED		會正常發亮嗎？	
				電力足夠嗎？	
		裝入情況		有「喀」的一聲嗎？	
				有脫落嗎？	
	電源	先：遙控器ON	遠端監控正常嗎？ ※並確認自動回歸等設定		
		後：機體ON			
	設定	設定回歸點	回歸點位置適當嗎？		
		羅盤校正	羅盤正常嗎？		
	狀況	確認周圍	左、右、前、後、上方、腳邊		
		天氣	是否影響飛行？		
		風速	是否影響飛行？		
		升空時刻			
		試運轉	是否有異音？ ※試運轉完畢後，先停下螺旋槳		
升空	連線	動作確認	是自己想要的MODE嗎？		
			搖動搖桿時能正常運作嗎？		
降落	狀況	確認周圍	左、右、前、後、上方、腳邊		
		降落時刻			
		停止運轉	螺旋槳有停下來嗎？		
降落後	電源	先：機體OFF	電源有關閉嗎？ ※關閉遙控器電源後，拿掉電池		
		後：遙控器OFF			
	機體	螺旋槳		有裂開嗎？	
				邊緣有破損嗎？	
				有變形嗎？	
				有脫落嗎？	
				旋轉平順嗎？	
				會碰到螺旋槳保護罩嗎？	
		馬達		有異常發熱嗎？	
		螺旋槳保護罩		有變形嗎？	
				有脫落嗎？	
		LED		有裂開嗎？	
		各個螺絲		螺絲有鬆脫嗎？	
		平衡環		運作狀況有異常嗎？	
		相機鏡頭		有裂痕或髒污嗎？	
		microSD卡		有正確插入嗎？	
	電池	外部		有裂開嗎？	
				有破損嗎？	
				有變形嗎？	
		內部		有異常發熱嗎？	
		LED		會正常發亮嗎？	

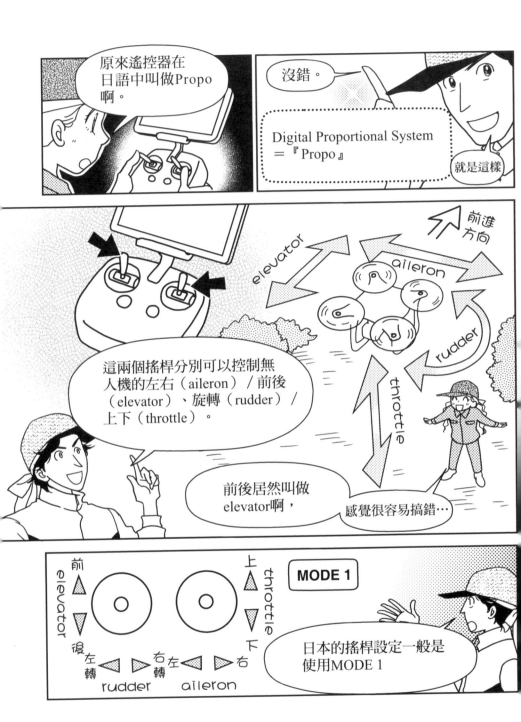

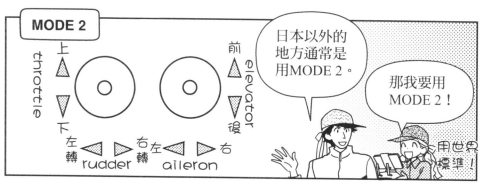

不過，若獲得地方航空局長的許可，

就可以看著螢幕畫面進行視距外飛行。

可以喔——

航空局長

看著螢幕操控

可以在不目視的情況下飛行

原來如此…

當然，就算拿到許可，可以讓無人機飛到操控者看不到的地方，

操控者也必須擁有一定的操控技術，可以靠著螢幕資訊讓無人機安全返回！

看著螢幕操控

看不到無人機本體

看著螢幕操控

安全回到視野內

另外，即使看著螢幕操控，

螢幕上看不到影像

無法目視無人機本體

BLACK OUT

無人機飛到建築物或障礙物周圍時，影像訊號也可能會突然消失！

也就是說，不管哪種都需要好好練習對吧。

技術很重要！

沒錯！

1. 通訊障礙

距離拉開之後,可能會斷訊,即使距離接近也容易因電波干涉而無法操控。

遙控器　本體

距離遙遠而斷訊

因電波干涉而斷訊

為了避免通訊障礙,在飛行前一定要仔細確認環境。

另外也要準備好因應措施,讓無人機在發生通訊障礙時,也能夠順利歸來!

要善用無人機的功能對吧!

這點確實不能不注意呢!

2. 電池沒電

電力剩餘 0%

POWER OFF

墜落

要是沒電,馬達就會停下來,使無人機墜落地面。

什麼!

雖然電池的性能一年比一年好,但請還是要注意使用時間,不要超過時限!

這種電池一個大約可以飛20分鐘

我知道了!

今天準備了5個電池!

5. 意料之外的妨礙或機器故障造成的墜落、接觸事故

不知何時 啪啪啪

最後是第5點，就是不知道何時

會發生，也不知道會發生什麼事的意外事故。為了在事故發生時不要腦筋一片空白，所以需要一定的訓練。

也不知道會發生什麼事！

不論在哪裡，只要是在日本戶外操控無人機飛行時，如果沒有預先獲得特別許可，就必須遵守以下規則。

①喝酒後禁止飛行

②飛行前確認

③預防相撞

④禁止危險飛行

※若在公共場合飛行，應處1年以下有期徒刑，或30萬日圓以下罰金。

※①～④為2019年夏天時追加的項目。不論有沒有獲得特別許可，都必須遵守。
※②～④應處50萬日圓以下罰金。

⑤需在白天飛行

⑥需在目視範圍內飛行

⑦需保持安全距離
30m 30m 30m

⑧禁止在活動場地飛行

⑨禁止用於運送危險物品

⑩禁止用於投放物品

※若在事前獲得地方航空局長得特別許可，則可不遵守⑤～⑩。

※臺灣相關法規請見附錄

各地區規定都不一樣啊……真麻煩……

沒錯！

人口集中區的規定，會與其他地方不同！

唉——

人群聚集處的規定，也與其他地方不同！

要是在每個地方都能隨便飛，就很容易出大事不是嗎？

這樣啊…

日本國土交通省的網站首頁有公布各地方政府的規定，可以在這裡查詢。

好的。

想在哪裡飛，就查那裡的規定對吧～～

國土交通省

另外，還有app可以查詢在哪些區域飛行需要獲得許可。

這好方便！

我知道了！

順帶一提，這個屬於可飛行區域的空地，是我們公司的訓練場所，已獲得空地所有者的許可。

就是這裡嗎

如果要進行拍攝、調查等業務，也需申請許可、承諾。

該怎麼申請呢？

用網路就可以申請囉。

網路很好用喔！

哦哦

網路萬歲！♪

DIPS

可是，申請者需滿足幾個條件才能提出申請。譬如…

有10小時以上的無人航空機飛行經歷，擁有安全飛行需要的一般技術。

擁有安全飛行時需瞭解的飛行規則及氣象知識。

等等。

嗚嗚……我……一個條件都沒滿足……

我沒 資格…

不用緊張！一步步累積知識與技術就可以了！

好的！

抓住

1. 絕對不能忘！飛行前、飛行後的檢查是法令上的義務

　　為了無人機的飛航安全，飛行前、飛行後的檢查皆十分重要。

　　而且不只是重要而已，2019年9月修正的日本《航空法》，更將飛行前後的檢查列為法律上的義務。

　　法律並沒有規定具體的檢查內容，不過像是Phantom的製造商大疆，就有在網站上列出「安全飛行檢查項目」。

2. 一定要場勘！ ::::::

在飛無人機之前，須事先到飛行地點場勘（location hunting），這和飛行前後的檢查同樣重要。要是無法事先到飛行地點場勘，最好也要先用Google map或Google Street View盡可能地蒐集資訊。具體來說須確認以下資訊。

・飛行路線上有沒有會造成飛行障礙的地形或建築物？
・附近有沒有事故風險高的快速道路或電車路線？
・附近有沒有可能造成電波干涉的高壓電線？
・會不會有無關人士或車輛進入該地點？
・會不會有飛行的野鳥造成妨礙？
・附近有沒有可能造成起飛點（home point）設定錯誤或羅盤校正錯誤的鋼骨結構物？

另外，場勘時也需決定以下事項。
・升空點
・降落點
・飛行路線
・緊急降落地點
・最大高度、最大距離等設定

另外，操控員也可透過飛行app、頻譜分析儀（spectrum analyzer），確認是否有一定強度的電波干涉。決定升空點與降落點後，可在該處鋪設起落墊。
之所以鋪設起落墊，不只是為了防止砂土影響到鏡頭或馬達，也有告訴第三方無人機起落地點的功用。

3. 風雨是無人機的大敵！ ::::::

（1）掌握風向、風速

飛無人機的時候，須充分注意風的狀況。因此，操控員須使用風速風向計，測量當地的風向風速，確認風速是否在可安全飛行的範圍內，以及上風處的位置。

對於Phantom等一般無人機來說，時速29～38 km的風速已是可飛行的極限了。日本《航空法》與《航空法施行規則》規定，某些情況下，無人機需在風速小於時速18 km的環境下飛行。

有些網站會有風向、風速預報等資訊，但飛行當天實際到現場時，發現風速風向與預報不同的情況並不罕見。所以操控員或航行管理員（dispatcher）不能過度依賴預報，而是要瞭解「為什麼會吹這樣的風？」自行判斷能不能飛行。

（2）瞭解地形對風的影響

在山區飛無人機時，必須注意山風、谷風的情況。

所謂的「谷風」，指的是從山谷沿著山坡往山頂吹的風。白天陽光照射山谷時，會提高山坡的溫度，使地表附近的空氣變輕，並沿著山坡往上吹，形成谷風。谷風會造成積雨雲，常在山區下起雷雨。相對的，「山風」則是指夜晚時從山頂沿著山坡往山谷吹的風。夜晚時山坡會迅速冷卻，於是冷空氣便沿著山坡往谷底吹去。

另外，在海岸或靠近海的地方，則須注意海風或陸風。白天時，陸地加溫速度比海要迅速，故陸地空氣的溫度會變得比海還要高。陸地空氣受熱而上升時，會使海面空氣往陸地吹，形成所謂的「海風」。相對的，夜晚時海面冷卻速度較陸地慢，故風會從陸地往海面吹，形成所謂的「陸風」。

除此之外，還有許多天氣預報不會提到，卻會影響到無人機飛行的地形風。譬如陽光會加熱地表附近的空氣，形成上升氣流。在住宅、工廠、乾掉的旱田、日照斜坡等地方，特別容易產生局部的上升氣流。

另外，強風吹向高樓正面時，會分成左右兩邊。此時高樓迎風面的屋頂附近，以及左右兩側的風會特別大，而背風側的一段距離外，則會有往下吹的強風。這些風稱做「高樓風」。

同樣的，風吹向山坡時，會沿著斜坡往上升，這種風稱做斜坡上升風（ridge lift）。

（3）注意降雨

近年來陸續有廠商推出可以防水防塵的無人機。不過無人機畢竟是電子產品，多少都會怕水，而且若相機鏡頭沾到水，就很難拍攝到鮮明的飛行影像，再加上讓無人機在雨中飛本來就相當危險，所以所謂的防水無人機可以說只是個噱頭。

如果是近日要飛無人機，可參考相關單位公布的天氣預報資訊，來決定飛無人機的確切日期時間，但如果要決定半個月以後的日程就沒那麼容易了。這時可以參考各氣象機構統計1981年到2010年這30年間的大氣現象、日降水量、日平均雲量，再由此計算出來的「日別天氣出現率」。

另外，操控員與航行管理員自己也應該有一定的氣象知識，以應對突然的天氣變化。

4. GPS是萬能的嗎？ :::::::

（1）以GPS掌握無人機位置的機制

　　由「GPS（Global Positioning System）衛星」發送的電波中，含有衛星軌道資訊及原子鐘的正確時間資訊。相對的，無人機搭載的GPS收訊器也有自己的時鐘。由電波發訊時刻與收訊時刻的時間差（電波傳送時間），可以計算出GPS衛星與收訊機間的距離，藉此掌握無人機的位置。另外，GPS衛星是美國的人造衛星，但除了GPS之外，其他國家也會發射衛星，建構自己的「衛星定位系統（satellite positioning, navigation and timing system或Satellite PNT system）」，如中國的北斗、歐盟的Galileo、俄羅斯的GLONASS、印度的IRNSS，以及日本的QZSS（準天頂衛星系統）等。

　　無人機飛行時，會計算出自己與四個定位衛星分別距離多遠，再用數學方式，由這四個距離計算出一個交點，為無人機定位。

（2）干涉定位

　　不過，無人機自動飛行時，需要更高精度的定位資訊。光靠GPS的衛星定位系統，仍不足以定位出精確位置。這時候就需要用到所謂的「干涉定位」技術，搭配慣性測量單元（IMU：Inertial Measurement Unit）定位，將定位誤差降至公分層級。其中又以「RTK（Real Time Kinematic）」技術為代表。

　　RTK一般會表示成「RTK-GNSS」，相關單位會於地面設置位置資訊裝置，實現高精度定位。另外，「GNSS」指的是「全球衛星導航系統」，是GPS與其他衛星導航系統的總稱。

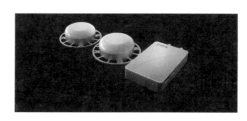

●大疆D-RTK GNSS
　（引用自大疆JAPAN網站）

若只靠GPS的位置資訊定位，會產生2 m左右的誤差，但再加上RTK，則在垂直、水平方向上的定位可精確到以1 cm為單位。

（3）學習不依賴GPS的操控方式

若想確保無人機能夠安全飛行，特別是自動飛行，那麼GPS電波會是相當重要的資訊。不過，GPS收訊器並非任何時候都可以接收到來自GPS衛星的電波。在某些地形、天氣、時刻，無人機可能會收不到GPS電波。

為了應對這種情況，操控者平時就要練習在收不到GPS電波的地方練習操控無人機，訓練自己能在收不到GPS衛星訊號時，也能維持無人機的飛行安全。

只要操控員平常不過度倚賴GPS電波，那麼就算在重要情況下突然收不到GPS電波，操控員也能夠不慌不忙地應對緊急情況。

5. 不可不知的法令與規矩！ ::::::

　　隨著無人機的應用越來越普遍，世界各國的相關法令、規則也越來越詳細、嚴格。和其他先進國家相比，日本的無人機相關法令、規則還算是相當有彈性。

（1）瞭解哪些地方不能飛

　　在日本，規定無人機飛行空域的法令包括主管機關為國土交通省的《航空法》第132條規定的「飛行禁止空域」，主管機關為警察廳的《重要設施周圍地區上空禁止飛行小型無人機之相關法律》（簡稱：禁止飛行小型無人機法）、主管機關各都道府縣市町村的《無人航空機的飛行限制條例》等等。

　　詳細規定請參考網路上公布的最新原文。以下為重點式說明。

① 《航空法》
　　《航空法》與其施行規則規定
　　・地表或水面上方150 m以上的空域
　　・機場周圍空域
　　・人口集中地區上空

　　在這些地方飛無人機時，除了做好安全措施，也需獲得國土交通大臣（類似臺灣的交通部長）的許可才行，即使是自己的私有地也不例外（但如果是在室內飛行，就不需要許可）。

要注意的是「地表或水面上方**150 m以上的空域**」這個條件，是「地表」而非「高樓等建築物」的頂端往上數150 m。另外，即使是在標高3,000 m的山頂，只要高度在山頂上方的150 m以下，就不需要國土交通大臣的許可（這是因為考慮到「航空法施行規則」中規定，航空機的最低安全高度為「地表或水面上方150 m以上的高度」）。

另外，「人口集中地區上空」指的是日本最新國勢調查結果的「人口集中地區」的上空，所以不管某地區過去的狀況如何，預計要在某地飛行時，都請到航空局的官方網站再次確認是否為人口集中地區。

② 《小型無人機等飛行禁止法》

要注意的是，這個法律規範了所有種類的無人機。要是違反相關法律，應處以一年以下有期徒刑，或50萬日圓以下的罰金。

不過，對象設施的管理者及經其同意人士、土地擁有者或占有者及經其同意人士，可不受此法律規範。

請至日本警察廳的官方網站確認此法律所規範之對象場所。

（2）飲酒後操控無人機，應處以一年以下有期徒刑，或30萬日圓以下罰金

2019年9月，日本《航空法》經修正後，規定操控員若在受酒精或藥物影響的狀態下操控無人機，應處以一年以下有期徒刑，或30萬日圓以下罰金。這可不能用「我只是玩玩而已」之類的理由搪塞，絕對要特別注意。

（3）飛行前確認、預防撞擊事故、禁止危險飛行，是操控員的義務

同樣的，操控員也有義務進行飛行前確認、做好預防措施，防止無人機撞擊飛機或其他無人機。

（4）將無人機放置在道路上，會違反《道路交通法》

日本的《道路交通法》並不限制無人機在道路上方飛行。

日本內閣府與各部會對於國家戰略特區的新措施曾做出相關說明，並以「（警察廳）國家戰略特區等提案檢討要求之答覆」的形式公告。另外，廣島縣（總務局經營、企劃團隊）與Energia Communications公司，曾對內閣府以至於各部會提出「廣島無人機實證事業特區」之檢討要求（提案管理編號：062040）。各部會的回覆節錄如下。

> 若工程作業會對道路使用者造成危險、影響交通順暢，或者攝影工作會顯著影響到人群聚集地區的交通，那麼不論會不會用到無人機，都需要申請道路使用許可。若非上述情況，只是單純用無人機在道路上方攝影的話，則依現行制度，不需申請道路使用許可。

不過，如果因為將無人機或起落墊等物品放在道路上，影響到交通，就會違反《道路交通法》。同樣的，操控員若是在道路上趴著、坐著、蹲著、站著不動，進而影響到交通，也會違法。

另外，在道路上空飛無人機時，需維持在道路上方4.1 m的高度，不能做出會造成交通事故，或者嚴重妨礙交通的行為。

（5）注意不要侵犯個人隱私、不要違反《個人資訊保護法》！

「『無人機』拍攝影像之網路使用指引」（2015年9月，總務省）提到，不管是否為不想被他人知道的資訊，都會受到隱私權保護。且指引中亦明確表示「未經被拍攝者的同意，擅自以無人機拍攝，並於網路散布，需承擔民事、刑事、行政上的風險」。

一般而言，散布私人住宅資訊與私人住宅外觀照片，會侵犯到法律上的隱私權。如果照片拍到室內的樣子、車牌、衣物，或是足以推測其生活情況的私人物品，視拍攝內容與入鏡方式而定，亦可能會侵犯到法律上的隱私權。

若發生侵犯隱私權的行為，攝影者在民事上需對被攝者負起非法損害之賠償責任。若是拍攝到浴室、更衣室、廁所等「使用者通常不會穿衣服」的場所，則可能觸犯刑事上的日本《輕犯罪法》或各都道府縣的迷惑防止條例，而受到刑事處罰。

就算你保證「當然，我絕對不會做出這種事！」也不能忽視這點。個人資訊業者在攝影時，未經同意的攝影行為會被認為是非法取得個人資訊的手段，可能違反《個人資訊保護法》。如果承接了這種業者的業務委託，那麼你也會被視為這種個人資訊業者的一員，所以請多加注意相關法令。

判斷攝影行為是否違法時，一般需由以下基準進行綜合及個別性的判斷。

①攝影的必要性（目的）
②攝影方法及手段恰不恰當
③攝影對象（資訊的性質）

是否有具體侵犯隱私權，以及侵犯的程度，需視個別照片內容或拍攝方式決定，無法一概而論。不過，在可以飛無人機的公共場域內，無人機的飛行高度通常會比住家圍牆還要高。

因此，如果拍攝到平常會被圍牆擋住而看不到的影像，並公布在網路上，就很可能有侵犯隱私權的危險。也就是說

①拍攝時需注意不要讓攝影機朝向住宅區。

②拍攝到人臉、車牌，或者是可以推測出住宅內生活狀況的私人物品時，需模糊處理。

要是沒做好上述隱私保護措施，就會有侵犯隱私權的風險。

（6）拍攝人的時候，請注意肖像權

肖像權不是專屬於偶像或VIP的權利，每個人都有肖像權。也就是「在未經本人同意的情況下，不得任意拍攝、公布該對象之容貌、姿態」的人格權利。因此，考慮目的與必要性，若是拍攝、公布的行為超過一定容忍限度，就會因侵犯肖像權而違法。不過在許多判例中，除了把焦點放在特定個人，並清楚拍出容貌的情況之外，若在公有道路或公共場域中，拍攝穿著一般服裝、表現出一般態度的人們，並公開發布時，仍在所謂的容忍限度內，一般不會認為這有侵犯到肖像權。

也就是說，如果在公共場域機械式地拍攝畫面時，無意間拍到某些人的容貌，只要畫面看起來是在拍攝公共場域的情況，而非把焦點放在特定個人上，且拍攝到的人們都穿著相當普通的服裝在公共場域活動，那麼只要再模糊化他們的臉部，使觀眾難以判斷出他們的容貌，公開發布時再調降解析度，就會被認定在社會的容忍限度內，而不被認為有侵犯到肖像權。

　　然而，若沒有被拍攝對象的允許，攝影者就用窺視的姿態，從住宅圍牆的外側拍攝被攝對象在室內廚房餐桌的樣子，就會被認為有侵犯到肖像權。另外，拍攝到可以推測出住宅內生活情況的畫面，或者拍攝別人出入特種營業場所時，即使是在公共道路上攝影，通常當事者不會希望被拍到。要判斷這種情況會不會構成侵犯肖像權時，就像判斷是否侵犯隱私權一樣，需視個別案例的情況分別判斷。

　　在某些例子中，即使用無人機成功追蹤產業廢棄物的違法丟棄、成功拍到相關人士的容貌或車牌，雖然攝影目的符合公眾利益，公布這些影像也可能會構成侵犯肖像權。

（7）上傳到網路時，請慎重再慎重

　　當攝影行為違法，將拍到的影像放到網路上讓他人閱覽的行為也會違法。

　　將無人機拍攝到的影像上傳到網路上讓他人閱覽時，如果影像中含有會侵犯到隱私權或肖像權等權利的資訊，那麼在透過網路散播這些資訊時，對受害者的影響也相當大。受害者可依人格權，要求停止散播這些影像，並要求損害賠償。

　　若拍攝者打算將影片上傳到網路，就必須在拍攝時獲得被拍攝者的同意。因為有時很難獲得同意，所以平常拍攝時就要考慮到以下事項。

①在住宅附近拍攝時，攝影機角度不能朝向住宅。放大功能不要朝著住宅使用。特別是拍攝住宅大樓時，不要讓攝影機水平拍攝。

②使用串流直播之類，會即時播放的服務時，難以進行模糊化處理，故請盡可能不要使用這類服務。

③若拍攝到人臉、車牌、門牌、住宅外觀、居民在室內的樣子、曬衣場衣物，以及可以推測出生活狀況的私人物品，必須刪除這些影像，或者模糊化處理。

④因為當事者可能會要求刪除影片，故上傳影片時，請選擇可以馬上刪除影片的網站。

（8）土地所有權及於其上空

日本《民法（第三方所有地上空的飛行）》中提到，土地所有權不僅限於土地表面，亦及於其上空。因此，在他人土地上空飛行時，需獲得土地擁有者的同意或允許。

若無人機在某土地上空飛行時，造成該土地的「損害」，《民法》上規定「因故意或過失侵害到他人權利或法律所保護之利益，需負起損害賠償的責任」，受害者可要求無人機操控員賠償。

（9）在海面、河川、公園、公共設施飛無人機時，需事先獲得許可

海岸、河岸等地區非私有地，在這些地方飛無人機應該不會有什麼問題才對。不過某些都道府縣條例規定，某些情況下禁止飛無人機，請特別注意。

舉例來說，不管有沒有獲得日本《航空法》中提到的許可，在大阪淀川河川事務所管理的河川區域〔除了民有地、自治體（地方政府）管理的河川公園之外〕，以及國營淀川

河川公園等地，因為可能會造成他人困擾或危險事故，原則上都禁止無人機、遙控飛機等無人航空機的飛行。

另一方面，日本也有部分河川並不禁止無人機的飛行。只要事先向主管機關（一級河川為國土交通大臣，二級河川為都道府縣的河川管理部門）提出申請，並獲得許可，就可以操控無人機在這裡飛了。

在海面上、海岸飛無人機時，需遵守《海上交通安全法》《海岸法》《海灣法》《港則法》與各地方政府的條例，也必須向日本海上保安廳、港灣事務局提出暫時使用申請書，才可以行駛無人機。特別是要在**海水浴場**操控無人機時，必須洽詢地方公益團體，並事先獲得許可。另外，如果無人機的飛行可能會影響到船舶交通安全，則須依《港則法》與《海上交通安全法》，事先向日本海上保安監部、海上保安本部申請許可。

另外，現在許多公園甚至直接禁止攜入無人機。就算沒有這樣的規定，要在由國家、都道府縣、市町村所管理的公園飛無人機時，都須遵從《都市公園法》，向主管機關提出暫時使用申請書後才能飛行。即使是在公共設施飛無人機，也會受到相關條例與廳舍管理規則的限制。

（10）發生災害時，應配合飛行調整（飛行自肅）

發生大規模災害時，即使是原本不需要國土交通大臣之許可就能飛無人機的地方，災區也可能會要求無人機操控員配合飛行調整（飛行自肅）。當然，以搜索、救援等為目的的飛行可特例處理，但也須事先獲得國土交通大臣的許可。

近年來，各地方政府、行政單位也開始和民間企業或無人機協會等一般社團法人締結了「災害協定」。

（11）請確認是否有「技適標章」

日本國內無人機所使用的主要無線通訊系統頻段為2.4 GHz頻段與5.7 GHz頻段。不需要無線工作者證照，卻需要第三級陸上特殊無線技士或更高的證照。

Phantom等消費型無人機幾乎都不需要無線工作者證照，但如果操控的機體搭載了FPV（First Person View，常用於無人機競速）系統（多使用5.8 GHz頻段），則需要第四級業餘無線技士之類的無線工作者證照。若在沒有必要無線工作者證照的情況下操控無人機，會因違反《電波法》而被處以一年以下有期徒刑或100萬日圓以下的罰金。

另外，無人機若通過依總務省令訂定的「技術基準適合證明」與「技術基準適合認定」兩種認證之一，或者兩者皆具，便能獲得「技適標章」。無人機須擁有「技適標章」，才能在日本飛行，否則會違反日本的《電波法》。如果是透過平行輸入或其他管道購買無人機，需特別注意這點。另外，有些時候，即使無人機有「技適標章」，仍須有總務大臣授予的執照，才能使用無線通訊系統，請特別注意。若違反《電波法》，會被處以一年以下有期徒刑或100萬日圓以下的罰金；若危害到公共用途的無線通訊系統，則會被處以五年以下有期徒刑或250萬日圓以下的罰金。

新標章（1995年4月以後）　　舊標章（1995年3月以前）

●技適標章（引用自總務省網站）

6. 須獲得許可的飛行

（1）在獲得許可之前，要先擁有一定程度以上的飛行經歷、知識及能力

對於需要獲得許可的飛行計畫來說，原則上都必須獲得地方航空局長的**許可**才能飛行。

而且，向這些地方航空局長申請許可時，申請者必須擁有一定程度的飛行經歷、知識及能力。具體來說，需滿足的標準與注意事項如下。

① 飛行經歷

操控者需擁有「10小時以上的無人航空機飛行經歷」，國土交通省的網站有提到「無人航空機指的是『結構上無法載人，且可透過遠觀操控、自動操控來飛行的航空機器，包括飛機、直升機、滑翔機、飛行船〔除了重量（機體本體重量與電池重量合計）未滿200 g的機體之外〕』」。所以重量未滿200 g之無人機（機體本體重量與電池重量合計）的飛行經歷不能算在內。

② 知識

知識指的是《航空法》相關法令與其他飛行規定（受禁止的飛行空域、飛行方式）之外，包括氣象、安全機能、使用說明書上載明的日常設備檢查項目、與安全飛行有關的知識等。

③ 能力

能力包含了以下事項

- 飛行前能夠確認周圍的安全情況（是否有第三方人士進入、風速／風向等氣象）。
- 知道如何確認燃料或電池電力殘量、如何確認通訊系統與推進系統的作動情況。
- 知道如何在不使用GPS功能的情況下安全升空、安全降落。
- 能做到懸停，以及在懸停狀態下將機首旋轉90°、前後移動、水平飛行、升降，在不使用GPS功能的情況下穩定飛行。
- 能用自動操控系統設定適當的飛行路徑。
- 飛行中出現異常時，知道如何適當介入操作，使無人機能安全著陸。

簡單來說，學習以上事項，並獲得客觀上的認可，是進入全國各地無人機學校的目的之一。

（2）需要許可的飛行

以下整理「需要許可的飛行」有哪些注意事項。

① 白天（從日出到日落）

白天（從日出到日落）指的是日本國立天文台公布的**各地日出時刻到日落時刻的區間**。每個地區的白天時間都不大一樣，這並非個人感覺的差異造成。

② 目視（直接以肉眼監看）

「目視（直接以肉眼監看）」指的是**操控員親眼監看自己操控中的無人機**。不是由助手監看、不是透過螢幕監看，也不是透過望遠鏡或攝影機監看。

③ 30 m以上的距離

「無人機飛行時，需與第三方人士或其他建築物、汽車等物件保持30 m以上的距離」。這裡說的「第三方」，指的是除了無人機操控員、相關人士（與無人機的飛行任務直接或間接相關的人）以外的人。

而這裡說的「物件」不包含相關人士所有、管理的物件。除此之外，道路路面、堤防、鐵路等與土地化為一體的東西，以及花草樹木等自然物也不屬於這裡所指的「物件」。

④ 祭典、廟會等多人聚集的活動

因等待紅綠燈而人潮壅擠之類的自然發生狀況，並不屬於「祭典、廟會等多人聚集的活動」。不過，當有數十人以上在特定時間、特定地點聚集在一起，就有可能會被視為「多人聚集的活動」。

⑤ 爆裂物等危險物

「爆裂物等危險物」指的是無人機飛行時必要的燃料、電池、工作用機器（相機等）所使用的電池、安全裝備中的降落傘在開傘時必要的火藥與高壓氣體等。不包括飛行時會與機體合為一體，由無人機所運送的物品。

（3）申請許可時的注意事項

① 須在預定飛行日的10個上班日之前提交申請書

　　無人機操控員須在預定飛行日的**10個上班日之前提交申請書**。最好能在預定飛行日之前的3～4週前，向地方航空局或機場事務所提出申請，以確保有一定的時間餘裕。

　　其中，如果是緊急的空拍任務之類，來不及確認飛行路徑，只要詳載飛行範圍與條件，且**不要飛到機場等設施周圍的150 m以上空域**，就可以在未確定飛行路徑的情況下，申請無人機飛行。

② 需注意地方公共團體條例與小型無人機等飛行禁止法所規定的飛行禁止事項

　　此外，無人機操控員也需注意預定的飛行地點是否為都道府縣、市區町村等地方公共團體（地方政府）訂定之條例、小型無人機等飛行禁止法所規定的禁止飛行場所、地區。如果這些條例禁止無人機在該地區飛行的話，需要做出適當應對。

③ 線上申請十分方便

　　申請許可的方式包括線上申請、郵寄申請、臨櫃申請等。其中線上申請服務相當簡單方便，只要進入「線上服務網站（無人機資訊基盤系統）」，就可以開始申請手續了，不需安裝特殊軟體。

④ 飛行指引

　　實際飛行時，需從以下飛行指引中任選一種，遵照指引飛行無人機。

航空局標準指引01：申請於某特定地點飛行時可使用的航空局標準指引。

航空局標準指引02：申請於非特定地點飛行，且於下列狀況飛行時可使用的航空局標準指引。
- 人口集中地區上空的飛行
- 夜間飛行
- 目視外飛行
- 無法保證無人機與其他人或物件能保持30 m以上之距離的飛行
- 運送危險物品或空投物品的飛行

航空局標準指引（空中散布）：目的是在農地用無人機從空中散布農藥、肥料、種子、融雪劑（空中散布）的飛行時，使用的航空局標準指引。

申請者自己的飛行指引：申請者自行製作飛行指引時，需參考航空局的標準指引，與申請書一同交出。

另外，目視外飛行時，依照日本「無人航空機飛行相關之許可審查要領」5-4（3）キ），應在飛行指引中提到以下幾點。
- 盡可能預先蒐集飛行地點周遭，與飛行業務有關之相關機構的資訊，並在飛行前以電話或其他方式通知他們無人航空機的飛行計畫。
- 與相關機構確認他們的航空機的飛行時刻及路徑。若無人機與他們的航空機有接近的風險，就必須做出相應的措施，譬如中止無人機的飛行，或者變更飛行計畫。
- 到了預定飛行的時間，不管實際上有沒有無人機要航行，都必須與相關機構保持聯絡機制。

第 **3** 章

如何成為職業無人機操控員

無人航空機操控員的飛行經歷、知識、能力確認書

已確認無人航空機操控員「○○○○※」擁有「無人航空機飛行相關之許可審查要領」4-2中提到的飛行經歷、知識、能力。

	確認事項	確認結果
飛行經歷	操控某種無人航空機的飛行經歷超過10小時以上	是／否
知　識	擁有航空法相關法令的相關知識	是／否
知　識	擁有安全飛行的相關知識。 ・飛行規則（禁止飛行空域、飛行方式） ・氣象相關知識 ・無人航空機的安全功能（失效保全功能等） ・瞭解使用說明書中提到的日常檢查項目 ・瞭解自動操控系統的結構與使用說明書所提到的日常檢查項目	是／否
能力 一般	知道在飛行前要確認以下事項。 ・確認周遭安全（是否有第三方人士進入、風速、風向等氣象） ・確認燃料與電池殘餘量 ・確認通訊系統與推進系統的運作情況	是／否
能力 遠觀操控機體	能在不使用GPS等功能下，穩定升空及穩定降落。	是／否／不適用
能力 遠觀操控機體	能在不使用GPS等功能下穩定飛行。 ・上升 ・懸停在一定位置、維持在一定高度（旋翼機） ・在旋停狀態下將機首方向旋轉90°（旋翼機） ・前後移動 ・水平方向飛行（左右移動及左右旋轉） ・下降	是／否／不適用
能力 自動操控機體	知道如何用自動操控系統設定適當的飛行路徑。	是／否／不適用
能力 自動操控機體	飛行中出現運作異常時，能夠適當介入操作，讓無人航空機安全著陸。	是／否／不適用

年　　月　　日

飛行監督

負責人所屬單位、姓名　　　　　　　　　　　印

※如果是個人申請，在飛行監督負責人所屬單位、姓名欄內簽名即可。

（註）可以用簽名代替列印的姓名加上印章。

妳就是空野嗎？

噫—

瞪視

別發呆，要去現場了。

會讓我操作無人機嗎！？

別傻了！妳這種新人還早一百年啦！

生氣

雖然我是新人，但已經充分練習過了！松田先生也認可我了！

再怎麼說，沒去過現場的人就不能算熟練……

資深操控員
高山健太郎

106

技術和知識只是基本。

妳現在頂多是站在職業人士的起點而已。

哼

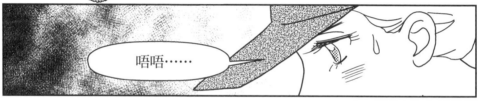

唔唔……

再說……今天也不會操作無人機。

咦？

今天要做的是攝影航行計畫的場勘！

咦～是場勘嗎？

什麼啊……

看來妳似乎不瞭解航行計畫有多重要啊。

妳過去所做的「飛行」只是升空～降落之間的操控。

「飛行」

我說的「航行」，指的是從訂定飛行計畫開始，一直到業務結束的整個過程。

飛航

訂定計畫
⬇
現場調查
⬇
製作飛航計畫書
⬇
申請各種許可
⬇
飛行
⬇
結束所有業務

工作要有計畫地進行才行！這點事總該知道吧！

是的…

好恐怖

BRIEFING SHEET

製作者　　　　　NO.

客戶	契約金額		日圓（含稅）
航行目的			
航行地點（所在地）			
航行路徑			
緊急著陸地點①	②		
總航行距離	m	最高高度	m
操控員（配置）			
航行管理員（配置）			
助手（配置）			

日期	年 月 日（ ） ： ～ ：	日期（備）	年 月 日（ ） ： ～ ：
天氣	風速 m/s	最低氣溫 ℃	最高氣溫 ℃
天氣（備）	風速 m/s	最低氣溫 ℃	最高氣溫 ℃
許可①		許可④	
許可②		許可⑤	
許可③		許可⑥	
航行機體		保養、檢查者	
預備機體		保養、檢查者	
障礙、威脅①		障礙、威脅④	
障礙、威脅②		障礙、威脅⑤	
障礙、威脅③		障礙、威脅⑥	
保險			
管轄警察		☎	
急救醫院		☎	
裝備、備用品（個數）、備註			

＊不能有空欄。若某欄位無適當內容可填入，則需填入「無」。

＊未記錄於本表中的資料，應視為填寫本表時尚未得知的資訊。

112

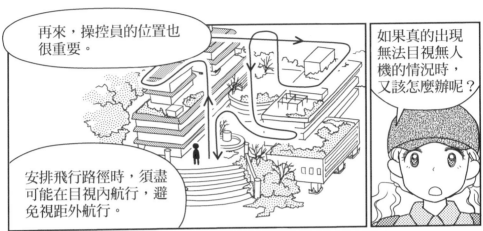

再來，操控員的位置也很重要。

安排飛行路徑時，須盡可能在目視內航行，避免視距外航行。

如果真的出現無法目視無人機的情況時，又該怎麼辦呢？

這時候就會拆成兩個以上的飛行路徑，使無人機能一直在視距範圍內飛行。

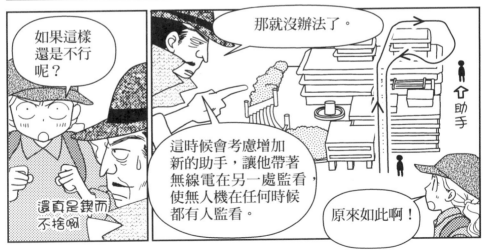

如果這樣還是不行呢？

還真是鍥而不捨啊

那就沒辦法了。

這時候會考慮增加新的助手，讓他帶著無線電在另一處監看，使無人機在任何時候都有人監看。

原來如此啊！

航行機體……不可以用自己慣用的機體嗎？

之前一直練習的那個……

航行機體
預備機體
障礙、威脅①

我可以理解妳的想法，不過當天可能出現強風，用推進力強（使用大型螺旋槳，或者螺旋槳數較多）的機體比較安全……

強風

電池20分 or 電池40分

飛行距離較長時，用連續飛行時間（電力）較長的機體比較好不是嗎？

長距離飛行

原來還要考慮到這點啊……

這就是專業人士嗎……

116

※這裡的location hunting指的是場勘、確認攝影角度等。

那個……可以讓
我試試看嗎？

拜託你了。

好，

接著就回去填寫
簡報單吧。

轟——

隨便妳……

我說過不是這樣寫了吧！
再重寫一遍！

啪

好的，
我知道了！

嗯，這樣就差
不多了吧。

好耶！

BRIEFING SHEET

好厲害……沒想到居然能拍出那麼有魄力的影像……

吵、吵死了。

我的技術還不夠好，要再多加努力才行……

這個想法很不錯。

但妳是為了什麼而努力？

提升無人機的技術後，妳想用來做什麼？

想做什麼……？

我……

為什麼要學習操控無人機呢……

1. 飛行前必須擬定、確認飛行計畫與相關資訊

　　要讓無人機飛之前，必須事先整理、確認飛行日期時間、飛行路徑、飛行高度等資訊，擬定好飛行計畫。

　　根據「無人航空機飛行相關之許可審查要領」，依照《航空法》取得飛行許可後，需在飛行前透過無人機資訊共享系統，確認飛行路徑是否與其他無人機的飛行計畫重疊，並於共享資訊系統中輸入自己的飛行計畫。

　　隨著無人機的普及，一般飛機與無人機、或是無人機之間的接近及擦撞事故也跟著增加。如果每個無人機操控者都能事先在無人機資訊共享系統上傳飛行計畫，這樣要是有路徑重複的部分，就可以事先調整。另外，無人機飛行時，若偵測到一般飛機靠近，畫面上就會出現飛機的位置資訊，來提醒無人機的操控員。

　　請不要忘了做到這點。

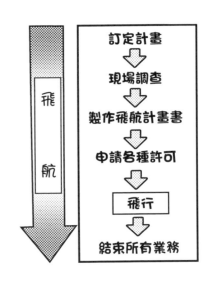

2. 為了航行安全，簡報是不可或缺的流程

簡報（briefing）指的是在飛行前，為了和所有相關人士共享飛行注意事項而進行的會議。這些注意事項包括飛行目的、飛行日期時間、使用機體、電池、升空降落地點、飛行路徑、天氣預報、人員配置、可能的威脅、安全對策等。

為符合上面提到的「無人航空機飛行相關之許可審查要領」的規定，並讓無人機能夠安全航行，顧客（委託航行者）、無人機操控員、航行管理員、助手等相關人士必須共享這次航行的相關資訊，事先從多種角度進行風險管理。

所以在飛行前，必須先整理出預定航行過程的相關資訊，製作「簡報單」來進行簡報。

以下就簡報單的各項內容進行說明。

（1）飛行目的

為了盡可能減少飛行時的風險，應盡可能減少飛行次數及縮短飛行時間。

為了用最少的飛行次數和最短的飛行時間達到飛行目的，與本次航行有關的所有工作人員，都必須明確掌握此次飛行的目的。要做到這點，委託方應該要盡可能用簡短的言語說明「誰應該要用什麼方式做什麼事」「該做到哪些事才能算是完成任務」。

BRIEFING SHEET

客戶	株式會社 △△映畫	契約金額	X,XXX,XXX日圓（含稅）
航行目的	空拍畫面攝影（俯瞰五層樓建築的攝影）		
航行地點 （所在地）	東京都XX區○○2丁目X-X		
航行路徑	於建築物南側①升空→上升50 m→往北前進20 m→CCW（逆時鐘旋轉）→往西前進10 m→CCW→往南前進10 m→CW（順時鐘旋轉）→往西前進20 m至②→CW→往北前進50 m至③→CW→往東前進50 m至④→CW→往東前進20 m→CW→往西前進10 m→CCW→往南前進20 m→CCW→往東前進20 m→CW→往西前進30 m→於建築物南側①著陸		
緊急著陸地點	①建物屋頂⑤　　　　　　　　　②建物西側跑地②～③		
總航行距離	600m	最高高度	70m
操控員（配置）	高山健太郎（地圖①）		
航行管理員（配置）	高山健太郎（地圖①）		
助手（配置）	松田修司（地圖②）　渡部和代（地圖③）　田中薰（地圖④） 木下優一（地圖⑤）　空野明日香（地圖⑥）		

日期	20XX年12月2日（一）6:35～7:35	日期（備）20XX年12月4日（三）6:35～7:35	
天氣晴（參考日別天氣出現率）	風速 2m/s	最低氣溫 1.3℃	最高氣溫 19℃
天氣（備）晴（參考日別天氣出現率）	風速 2m/s	最低氣溫 1.9℃	最高氣溫 23.4℃
許可①（XX機場事務所）限制表面（obstacle limitation surface）下		許可④（國土交通省）距離人與物件未滿30 m	
許可②（國土交通省）人口集中地區		許可⑤（所有權人／出租人）許可相關飛行	
許可③（國土交通省）目視外飛行		許可⑥（XX警察局）通知將在此飛行	
※①～④使用自行製作的飛行指引申請許可			
航行機體　BIG 02		保養、檢查者　松田修司	
預備機體　BIG 01		保養、檢查者　松田修司	
障礙、威脅①　電波障礙		障礙、威脅④	
障礙、威脅②　附近的電車		障礙、威脅⑤	
障礙、威脅③　海風		障礙、威脅⑥	
保險　（○○產險）無人機保險		📞 03-XXXX-XXXX	
管轄警察　警視廳 東京XX警察署		📞 03-XXXX-XXXX	
急救醫院　○○大學△△醫院			
裝備、備用品（個數）、備註			
BIG 02 ×1、BIG 01 ×1、遙控器×各1（已充電）、平板電腦×2（已充電）			
BIG 02用電池×4（已充電）、BIG 01用電池×8（已充電）、micro SD卡（64 GB）×4			
Lightning連接線×2、螢幕遮光罩×2、雙筒望遠鏡×6、小型無線電基地台、對講機×6、安全帽×7			
滅火器×1、提醒注意用的A型告示牌×4、起落墊×2、風速計×7、頻譜分析儀×1、車輛×1			
急救箱×1、許可證明×1、飛行指引（影本）×7、民間執照（各自攜帶）、駕照（各自攜帶）			
保險卡（各自攜帶）、電車時刻表×2、智慧型手機（各自攜帶）、附件地圖			

＊不能有空欄。若某欄位無適當內容可填入，則需填入「無」。　＊未記錄於本表中的資料，應視為填寫本表時尚未得知的資訊。

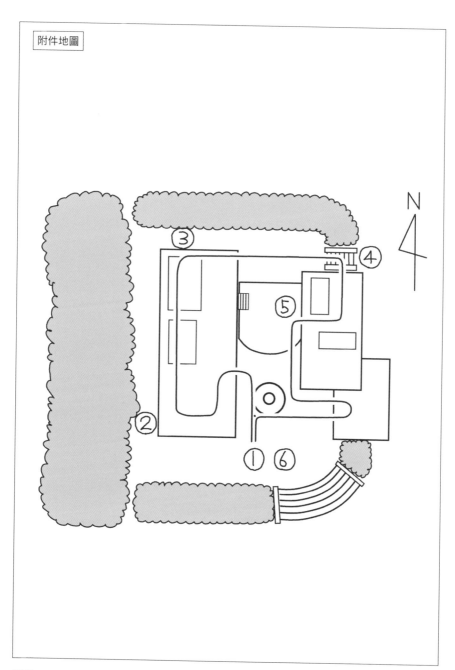

●BRIEFING SHEET的填寫範例（左頁）與附件（右頁）

（2）飛行日期時間

　　為確保無人機能安全飛行，需事先確認風向、風速、氣溫（最高溫、最低溫）等氣象資訊，再決定飛行日期時間。也就是說，除了因為配合活動而無法調整日期時間的情況之外，都需參考氣象廳公布的天氣預報資料，來決定可以安全飛行的日期與時間。

　　另外，請盡可能挑選無關人士及車輛較少的日期時間執行飛行任務。舉例來說，假設飛行預定地點靠近主要道路，可選擇日出後不久這種車輛往來最少的時間飛行；如果是造訪人數眾多的公園、場館，則可挑選休園日、休館日飛行。

（3）飛行地點

　　絕大多數情況下，飛行地點為事前決定，無法任意更動。但即使如此，負責人還是得仔細地再一次勘查該地點是否真的能安全飛行。要是無法確保飛行過程的安全，就必須更改飛行地點的決定，並設法說服相關人士。

　　要注意的有以下幾點。

　　‧能不能從下風處往上風處飛行？

　　‧該地點的地形是否能讓操控員與航行管理員（dispatcher）一直目視機體？

　　‧附近是否有快速道路／幹線道路／鐵道等交通設施、學校、醫院、大型店面等設施？

　　‧附近是否有可能造成電波干涉的大型電塔，或者是會發送大量Wi-Fi電波的集合住宅或飯店？

　　‧當機體在飛行中故障，是否有緊急著陸地點可供緊急著陸。

　　請選擇能夠盡可能降低飛行風險的飛行地點。

（4）包含起降地點、飛行路徑、緊急著陸地點的飛行計畫

為了盡可能達成航行目標、規避障礙、安全航行等目的，請綜觀各種條件，在擬定飛行計畫時，安排適當的起降地點、飛行路徑、緊急著陸地點。

起降地點：在能夠達成航行目標的前提下，請盡可能選擇能讓飛行路徑最短的起降地點。

另一方面，還需確保無人機與他人及車輛的距離。具體來說，依照航空局標準指引的飛行，需遵照指引上的規定；若依照其他指引飛行，則需用同等級或更嚴格的標準去規範無人機與他人及車輛的距離。

另外，起落點須選擇平坦的位置。而為了讓他人也看得出這裡是起落點，須使用起落墊。

飛行路徑：如前所述，在能夠達成航行目標的前提下，請盡可能選擇最短的飛行路徑。另外也需考慮以下幾點，盡可能降低與飛行有關的風險。

・無人機與該飛行路徑飛行時，操控員與航行管理員是否能持續目視機體？
・是否只考慮到水平方向的路徑而忽略了垂直方向的路徑？
・是否能將飛行時間縮短到不需要更換電池？
・該飛行路徑是否有緊急著陸地點，讓飛行中出現異常的無人機能夠緊急著陸？
・（空拍時）取景角度是否符合客戶的要求？會不會出現不希望看到的逆光情形？

緊急著陸地點：請選擇適當的緊急著陸地點，當轉子或螺旋槳異常，或者發生其他重大異常狀況，只要機體能夠收到遙控器的訊號，就可以在緊急著陸地點上空讓轉子「緊急停止」，使其墜落於該地，將損害降至最低。

我們不曉得異常會發生於何時、何地，又是以什麼形式發生。所以請盡可能設置多個緊急著陸地點，並選擇較為廣闊的場地。

（5）操控員、航行管理員、助手等航行相關人士的配置地點

操控員需盡可能避免配置在無人機可見範圍之外（BVLOS：Beyond Visual Line-of-Sight），或是電波接收範圍之外（BRLOS：Beyond Radio Line-of-Sight）。

另外，航行管理員（dispatcher）需確保起降點的安全，並在無人機飛行時，監視機體是否異常。所以航行管理員必須妥善分配包括助手在內之所有工作人員的配置地點。

要是沒有無線電對講機，則需讓操控員、航行管理員、助手等人保持在能和航行管理員彼此以口頭聯繫的距離。

（6）天氣（有無降雨或起霧）、氣象（風向、風速、最低溫、最高溫）等狀況

在飛行的十天前左右簡報是最恰當的時間，並請參考那時的天氣預報，來預測飛行當天的天氣。但如果必須在這之前簡報，天氣部分可參考相關單位公布的天氣出現率，決定可以安全飛行的日期時間。

這裡的「天氣出現率」指的是日本氣象廳與各地方氣象台統計1981年到2010年這30年間的大氣現象、日降雨量、日平均雲量等資料，計算出來的日別天氣出現率。

另外，風速與風向也會大幅影響到無人機的飛行。我們可以參考氣象廳發布的預測來判斷風速與風向，最近還可透過Windy等智慧型手機app獲得相關資訊。

（7）升空、著陸的預定時間

在沒有事先獲得國土交通省「夜間飛行許可」的情況下，只能在白天飛行，故只能在日出到日落的時間區間內升空、著陸。就算獲得夜間飛行許可，考慮到安全，也請盡可能安排在白天時飛行。

另外，如果想要拍攝目標物在順光或逆光下的樣子，則需考慮太陽的位置與方向，決定升空及著陸的時間。

（8）最大飛行距離、最大飛行高度、失效保全、虛擬圍籬

可惜的是，就算最好萬全的風險管理，發生事故的機率仍不是零。

因此，為了避免萬一違反《航空法》或《民法》等法律，請在應用程式中設定適當的飛行高度、距離、範圍。如果在飛行前沒有拿到國土交通省的特別許可，那麼在機場附近的最高飛行高度需小於150 m。為了使無人機不會飛出允許飛行的空域，所以必須設定最大飛行距離。

另外，RTH（Return To Home）功能啟動時，或者是因為操控失誤、故障、應用程式出錯等異常狀況而引發失效保全（fail-safe）時，機體會飛到自動歸還高度。在航行程式中設定自動歸還高度時，需略高於飛行地點周圍的樹木與建築物。

（9）航行機體

選擇航行機體並不是件容易的事。能夠順利達成飛行目標是第一要件。除此之外，像是電波干涉、風速／風向、能否應對可能碰上的威脅、能否拍出適當畫質與視角，都是選擇機體時的重點。

如果很有可能會下雨，可選用密閉型、防潑水設計或是可適應惡劣天候的機體；若有強風，需選用在強風下仍可穩定飛行的機體；當氣溫低於20℃，可選擇能自動加熱電池的機體。相反的，天氣晴朗、風速穩定時，則可選擇輕薄短小的機體，萬一墜落時比較不會造成損害。

也不須拘泥於自己擁有的機體，而是可以考慮租借其他無人機。只要長時間租借，就可以獲得國土交通省的許可，用租來的無人機飛行了。

另外，如果追求高畫質的圖像或影片，則須使用搭載高性能攝影機的機體，或者是能夠裝設高性能鏡頭、攝影機的機體。如果空拍時難以靠近目標物，則須選擇有放大功能的機體。總之，操控員需依照飛行目的與飛行計畫，選擇適當的機體。

（10）裝備、備用品

準備好機體之後，再來就是機體周邊的裝備了。主要必需品列於次頁表中。

另外，執行需要許可的飛行任務時，別忘了攜帶以下資料。

〔執行需要許可的飛行任務時需攜帶的資料〕
　・操控無人航空機的許可證明
　・申請許可時附上的飛行指引

●操控無人機飛行時的主要必需品

- ‧遙控器
- ‧螢幕（智慧型手機或平板電腦等）
- ‧連接線（連接遙控器與螢幕的線）
- ‧充電器、電源線
- ‧電池
- ‧起落墊
- ‧預備的遙控器
- ‧micro SD卡
- ‧PC、SSD、HD等
- ‧ND濾鏡、PL濾鏡
- ‧保險證書的影本
- ‧雙筒望遠鏡等（依飛行指引準備）
- ‧頻譜分析儀（在意電波干涉的話）
- ‧可測量溫度、風向、風速的風速計
- ‧保溫箱、暖暖包（若最低氣溫低於20℃，可用於維持電池電壓）
- ‧保冷箱、保冷劑（若最高氣溫過高，可用於保護電池或平板電腦）
- ‧帽子或安全帽
- ‧太陽眼鏡（保護眼睛免受紫外線傷害）
- ‧智慧型手機、功能型手機、對講機
- ‧告知有無人機飛行中的看板
- ‧防止非相關人士闖入的三角錐、三角錐橫桿、禁止進入警示帶等
- ‧與操控無人機有關的民間執照
- ‧電波使用相關執照（若使用到「電波法」規定需要執照的對講機時）

執行任務時須攜帶數量足夠且充飽電的電池，遙控器也需充飽電。最好也能準備多張剩餘容量充足的micro SD卡（要是飛行時發生意外，之前拍下來的資料有可能會消失）。再來，為了將拍下來的資料備份保存，請準備PC、SSD、HD。另外，連接線要是沒有使用官方提供的連接線，也可能會出現錯誤。

服裝方面，請穿著肌膚露出程度較少的長袖衣服、長褲，同時為了避免足部扭傷、挫傷，請穿著適當的鞋子。空拍時，可能會不小心拍到工作人員，所以請穿著不顯眼的深色服裝。

另外，連絡工具雖然可使用平常用的智慧型手機加上耳機麥克風，但無人機飛行任務的地點常在山區或離島，手機訊號不大穩定。而且智慧型手機使用的電波，與操控無人機及傳送圖像訊號時使用的電波頻率相近，若考慮到電波干涉的問題，並不適合用手機連絡，這時就可以考慮用無線電對講機連絡。

再來，起落墊不是只有告訴第三方人士這裡是起落點的功能，也可以在無人機升起／降落時，減輕周圍沙塵及雜草造成的傷害。不過當風太大，起落墊和無人機可能會一起被吹走，所以使用起落墊時請隨機應變。

若將海面或河面做為緊急著陸地點，那麼考慮到緊急著陸後的機體回收，可事先在機體裝上DRONEFLOAT（像是游泳圈般的裝備，需事先向國土交通省申請改造無人機），也須準備回收無人機時會用到的橡皮艇。

將該攜帶的裝備、備用品列表，在正式航行前一一確認，便可以提升航行安全。除了操控員，讓航行管理員與助手一起準備，比較不會有臨時缺少東西的問題。

（11）決定保養機體、檢查設備的人

無人機的飛行前檢查為《航空法》與《航空法施行規則》所規定的義務。若未盡義務，會被處以50萬日圓以下的罰金。

具體而言，包括以下檢查。

- ·確認各個設備（電池、螺旋槳、攝影機等）是否確實裝在機體上。
- ·確認機體（螺旋槳、骨架）是否有損傷或故障。
- ·確認通訊系統、推進系統是否正常運作。
- ·確認機體燃料是否充分，或電池電力是否充足。
- ·確認飛行路徑上是否有飛機或其他航空機在飛行。
- ·確認飛行路徑底下是否有第三方人士。
- ·確認目前風速是否為該機體的規格書中，可飛行的風速範圍。
- ·確認目前雨勢是否為該機體規格書中規定可飛行的雨勢範圍。
- ·確認現場有足夠的能見度。

要注意的是，這些飛行前檢查並不是國土交通大臣給予飛行許可時的審核項目，而是操控員要自發性遵守的項目，不會因審核情況不同而出現不須遵守的例外。

這些檢查可避免安全航行三要素「操控、保養、航行」的責任集中在操控員一人身上。為了盡可能預防出現失誤，最好能讓航行管理員、助手等多名工作人員一起進行。

另外，保養、檢查時，建議使用「指認呼喚」的方式。指認呼喚指的是用眼睛看、伸出手臂及手指指向目標、開口發出聲音「○○○、確認！」再用耳朵聽到自己發出的聲音，這一連串的確認動作總稱。指認呼喚已被證明可以有效降低失誤與勞動災害的發生機率。另外，在一個人執行指認呼喚時，共同工作的作業人員跟著複誦一遍的動作，稱做呼

喚應答，可以提高指認呼喚的效果。

（12）針對可預料之障礙、威脅的對策

透過飛行前的場勘（location hunting）、網路上的詳細地圖與空拍照片，在飛行前先想像飛行時可能會遇到的障礙與威脅，冷靜思考應對的方式，並試著回答以下問題，以提出適當對策。

- ·飛行預定區域的標高是多少？
- ·附近是否有高壓電線、高壓電塔？
- ·附近是否有快速道路、幹線道路、電車？
- ·附近是否有學校與醫院？

（13）事前確認是否已告知並獲得相關各單位之許可相關單位

除了國土交通省和地方航空局，某些情況下還須取得機場事務局、海上保安廳、港灣局事務所的許可。飛行前也要告知當地轄區警察及飛行區域的居民，防止意外釀禍。

（14）確認損害賠償保險證書

風險管理的方式很多，而最後一道防線，就是產物保險（設施賠償責任險）。另外，也可購買機體保險（動產綜合保險），無人機本體或搭載的攝影機損壞時，可用以支應修理費等損失金額，以及搜尋或修改費用。購買保險後，操控員也會較為輕鬆。購買保險時，請仔細確認保險內容與賠償期間，操作無人機飛行時也別忘了攜帶保險卡的影本，以備不時之需。

這類保險的每年保費大約都在3～5萬日圓左右，考慮到可能會出現意外，建議還是購買保險比較好。

（15）確認緊急聯絡方式（轄區警察、急救醫院）

確認轄區警察及急救醫院的位置與聯絡方式。如果臨時有緊急需要，可以詢問警察。而在山區或離島等附近沒有急救醫療機構的地方，要是在航行中有人員受傷，這樣便可以馬上聯絡到醫院。

3. 飛行中該注意的事項 ∷∷∷∷

（1）直言

為了讓無人機能夠安全飛行，相關人員必須站在俯瞰全局的角度，思考整個飛行計畫。要是發現有沒辦法依照計畫進行的部分，不管是客戶、操控員、航行管理者、助手，都必須毫不猶豫地提出疑慮，構成一個可以密切交換意見的團隊。這就是所謂的「直言」。

（2）3H活動

一般來說，事故或航行問題通常發生在3H〔Hajimete（第一次）、Henkou（變更）、Hisashiburi（日久生疏）〕的情況。因此，進行首次接觸的任務時、和初次合作者一起執行任務時、任務變更時、在首次造訪的地點航行時、使用未曾用過的機體航行時、執行任務頻率減少時、休假剛結束時等3H情況下，一定要仔細確認每項業務是否確實完成。

這種防止出差錯的系統性活動，稱做「3H活動」。3H活動既簡單又不需要花費，且容易加入，不管是誰、在何時何地都可以參加。如果所有人都能參加3H活動，效果更好，將能有效避免事故發生。

（3）公開、累積、分享「猛然回神」的經驗

在情況演變到重大事故發生的前一刻，出現很可能與重大事故直接相關的動作時，突然警覺到危險而出手阻止狀況惡化，就稱做「猛然回神」的一步。顧名思義，就是在注意到突發事件或失誤時，「猛然回神」出手阻止，使之不致演變成事故。由海因里希法則（Heinrich's Law）可知，一次重大事故的背後，往往有29次輕度事故，與300次幾近錯誤（nearmiss）。

因此，如果每個人都能公開、累積或分享自己「猛然回神」的經驗給大家知道，將有助於防範重大事故於未然。

（4）勵行STOP LOOK

有時在進行不習慣的作業時，明明狀況和平時不同，作業人員卻忽略了這種異常狀況。為了預防這種情況，在作業達一個段落時，應先中斷（STOP），確認周圍狀況（LOOK）。徹底執行這個過程，可有效減少忽略異常狀況的情形。這就是所謂的勵行STOP LOOK。

（5）活用m-SHELL模型

人的行動會受到自身（中心的L）周圍各種因素的影響，這些因素的狀態時時刻刻在變化，如次頁圖所示。我們可使用「m-SHELL模型」管理這些因素的狀態，避免出現人為差錯。

m-SHELL模型中，可將位於中心的L與周圍的S、H、E、L搭配起來管理（m），以取得整體的平衡。

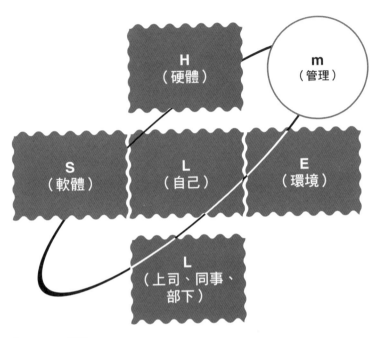

●m-SHELL模型

　m：management＝經營方針、安全管理等。

　S：software＝作業步驟、作業指引、寫有這些內容的步驟說明、指引書、作業指示的方式、教育訓練方式等軟體性的要素。

　H：hardware＝作業時使用的道具、機器、設備等硬體性的要素。

　E：environment＝照明、雜音、溫度、濕度、作業空間大小等與作業環境有關的要素。

　L：liveware＝可命令自己的上司、一起工作的同事等與人有關的要素。

（6）KYT訓練

為防範平常工作時發生事故，我們需試著預測作業過程中隱含的危險，並指出這些危險，這種訓練稱做KYT〔Kiken（危險）、Yochi（預知）、Training（訓練）的首字母〕。

舉例來說，可以拿出航行過程中拍攝的，看似平凡無奇的照片給其他團隊成員看，然後依照以下步驟進行。

①**掌握現狀**：指出這個環境下隱藏著什麼危險，也就是有哪些問題。

②**追究本質**：列出所有被指出的內容，討論並整理問題的原因。

③**建立對策**：整理出問題癥結後，提出改善方式、解決方式。

④**設定目標**：討論、整理這些解決方式。

最後，公布大家討論出的共識、結果，讓所有成員共享這些資訊，在事前避開這些危險。定期進行這個訓練，可以讓團隊成員們養成思考「哪裡可能隱含著危險」的習慣。

4. 請定期校正無人機

無人機的機體通常搭載著許多感應器，這些感應器的正常運作，可確保飛行安全。為提高感應器的正確性，平時的定期校正工作便顯得十分重要。

接著就來詳細說明無人機本體的結構吧。

就是這個♡

期待已久的實物♪

（1）羅盤校正

羅盤可偵測無人機機首朝著哪個方向。在改變飛行空域、執行自動飛行等有高精度定位需求之任務、羅盤出現錯誤，以及應用程式要求進行羅盤校正時，就須進行羅盤校正工作。

羅盤校正時，操作人員須拿掉身上的智慧型手機、手錶、金屬戒指，及其他可能會影響磁場的物品，並避免在附近有強力磁場的地方進行。

（2）電池校正

電池校正的目的是消除電池中各個cell（構成單位）的電壓差。

每飛行二十次，就要為電池放電一次，使其殘餘電量降至5%，之後再充滿電，這樣就完成了一次電池校正。

這時請注意不要將電池放著不管，任其一直放電下去，否則很可能會造成電池無法再度運作。

（3）穩定器校正

即修正穩定器傾斜狀況的校正工作。若攝影機拍到的影像在rolling軸（前後軸）上有傾斜情況，須在沒有水平磁場影響的地方進行穩定器校正。

穩定器校正時，請避開附近有強力磁場的地方，並避免搖晃，也不要用手碰觸。

（4）搖桿校正

搖桿校正是為了避免遙控器的搖桿失靈而進行的校正。

另外，當遙控器響起警報，有時候可以靠校正搖桿來解決問題。

（5）IMU校正

運送時的震動、存放地點的磁場或飛行時的震動，都有可能造成加速度陀螺儀出現偏差。此時的校正工作就叫做IMU校正。無人機飛行時，或者減速停下時的狀況不穩定，請在沒有水平磁場影響的地方進行IMU校正，並避免搖晃與觸碰。

另外，機體出現異常時，常常在IMU校正後就可以恢復正常。

（6）視覺定位系統校正

機體發生事故或運送時的震動，會造成無人機的視覺定位系統（vision positioning）出現偏離，這時就必須進行視覺定位系統校正。我們可以用PC下載必要應用程式進行校正。

●視覺定位系統校正的樣子
（引用自大疆官方網站內「How to Calibrate the Vision Positioning System on DJI Phantom 4」）

5. 為了航行安全，還要注意哪些事項？

（1）注意風

　　國土交通省航空局的標準指引提到，當風速大於5 m/s（秒速5 m），不得令無人機飛行。不過某些製造商會在指引中提到，可以在風速大於10 m/s的環境中飛行。但無論如何，無人機的飛行都必須避開強風。

　　執行飛行任務時應攜帶風速計，在飛行前確認風速。另外，升空地點應選擇由下風處往上風處飛去，這樣回程消耗的電力會比去程少，要是出現無人機無法承受的強風，機體回到升空地點需要的時間也較少，可降低出事的風險。

　　另外，進行自動飛行時，請考慮當日風向及風速來設定飛行路徑。

（2）禁止急速下降！

無人機會靠著增減各個螺旋槳馬達的旋轉速度來控制飛行。要是馬達旋轉速度突然下降，就可能會造成無人機墜落。

此時，機體往下吹出的風（down wash）會在螺旋槳周圍形成渦漩狀氣流（vortex ring state），使機體產生小幅度震動，這種現象叫做「settling with power」，會降低無人機的升力。出現這種現象時，可讓機體水平移動，從亂流中脫出。

避免急速下降十分重要。無風時，為了避免機體進入down wash，不應垂直下降，而是要斜斜地下降。相對的，有風時，風會將down wash往旁邊吹，所以可以緩慢地垂直往下降落。

在靠近地面時，往下的down wash接觸地面後會回彈至機體，使機體往上浮或往旁邊飄移，這被稱做「地面效果」。地面效果嚴重時，可能會讓機身不穩，使其進入危險狀態。

地面效果嚴重時需謹慎應對，可能會花上不少時間進行持續一陣子的超低空飛行。雖然最後的降落地點可能與原先預計的地點有些差距，但還是謹慎一點比較安全。

（3）非不得已情況下，不得「徒手釋放」或「徒手接取」

徒手抓著無人機，使其從手中起飛，稱做「徒手釋放」；徒手抓住降落中的無人機，稱做「徒手接取」。因為這個動作很顯眼，又不用在地面上操作，可以省去不少麻煩，所以不少人會想試著這麼做，但這很可能會造成事故或人員受傷，請盡可能避免用這種方式升降無人機。

●徒手釋放、徒手抓取的樣子

　　不過，若要在可能讓機體傾倒的強風下，或是在無法確保地面水平的船上起飛或降落時，就不得不用徒手釋放／抓取的方式操作。徒手釋放／抓取時，請將機體放在略高於視線的位置，一隻手放在throttle（上下）的搖桿上，另一隻手抓住機體的起落架的一角，起落架的縱向部分也要好好抓著。如果是徒手抓取，一旦抓到機體後就要將電源關掉。

（4）須豎起遙控器的天線

　　操控無人機時使用的電波主要是垂直於地面的電波，稱做「垂直偏振波」。為了讓機體較容易接收到遙控器發出的電波，操作遙控器時需豎起天線。

　　不過，當無人機在操控員的正上方，將遙控器的天線橫躺下來，傳送的電波較容易被無人機接收到（競速專用無人機使用的是圓偏振波，所以毋需改變遙控器的天線方向）。

（5）操控員需穿著適當服裝

飛無人機時，操控員必須時常看著天空，所以不管是哪個季節，太陽眼鏡都是必需品。另外，為了保護頭及臉部，帽子也是必需品。操控商用大型無人機時，最好能戴著安全帽。特別是日照強烈的夏天，最好能戴上登山帽這種帽沿較寬的帽子。帽子的顏色請選用黑色等較深的顏色，避免選擇鮮豔的顏色，從空中照下來時比較不顯眼。

服裝上，為了保護手腳，建議穿著長袖衣服、長褲。與帽子一樣，請避免穿著顏色鮮豔的款式，而是選擇黑色等深色款式。鞋子方面，因執行飛行任務時可能需要踏進凹凸不平的土地，緊急時也可能須進入潮濕的泥濘地，故請穿著防水性高的鞋款。同時考慮到保護身體的問題，除了盛夏，最好可以穿靴子。

（6）發生事故時，以人身安全為優先

萬一發生事故，須優先考量人身安全。譬如應放下手邊工作進行緊急處理，必要時要打「119」請求協助。即使因事故造成機體遺失，只要事先確認轄區內警察的遺失物中心電話，還是有辦法做出適當的緊急應對措施。

另外，如果因為無人機的飛行造成人員死傷、第三方物件（汽車、建築）的損傷、飛行時機體遺失、撞上飛機或其他接近事件，則須將相關資訊提供給國土交通省、地方航空局、機場事務所等機構。

Memo

第**4**章

無人機產業的展望

148

什麼？

OJ

不…沒事。

什麼事都沒有。

面對一直照顧我的天馬小姐

「不曉得要用無人機來做什麼」

我沒辦法對她說出這種話……

唉……

找到了！

我做了三明治喔，要吃嗎？

150

渡部小姐。

今天非常抱歉，

以後我會更加小心，不會再發生那種事了。

有反省就算了啦！

咚！

來，吃吧。

嗚哇

熱量看起來好高～～

肚子餓了也沒辦法操控無人機吧！

嚼

嚼

嚼

好好吃，

感覺精神都來了！

妳最近好像常常在煩惱的樣子，是什麼事呢？

其實⋯⋯

152

無人機的未來

農業領域

首先是農業領域的農藥噴灑。

似乎一直在穩定成長中呢。

這方面日本可說是先驅，大約40年前，日本就開始用產業用無人直升機在灑農藥了。

1980's～

每三碗飯就有一碗是用無人直升機來驅逐病蟲的喔。

1/3！

咦～那麼多啊！

① ② ③

人力

無人機

因為噴灑需要的時間短了很多啊。

每公頃1小時以上

每公頃10分鐘

壓倒性勝利！

對人手不足和老年化問題日漸嚴重的農業來說，無人機就像救世主。

無人直升機一次可以飛很久，約100分鐘左右，不過機體本身相當昂貴。

1,300萬日圓左右

好貴!!

無人機一次可飛行的時間較短，但機體成本是無人直升機的1/6以下，相當低廉。

未來會越來越多人使用吧。

好厲害！

安心 好用 引進！

政府也在努力推廣無人機在建築、土木領域的應用喔。

可快速量測地形

可前往任何地形

原來如此！

為了提高工程現場的生產力，政府也計畫將無人機應用在公共工程的測量工作上。

公共工程

政府

用無人機來測量吧！

真讓人期待！

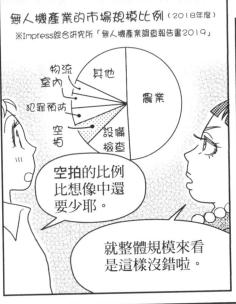

無人機產業的市場規模比例（2018年度）
※Impress綜合研究所「無人機產業調查報告書2019」

物流
室內
犯罪預防
空拍
其他
農業
設備檢查

空拍的比例
比想像中還
要少耶。

就整體規模來看
是這樣沒錯啦。

不過現在的廣告或
電視節目就很常用到
空拍影像囉。

是啊。

很常
看到

不過，因為操控員
一年比一年多，所以
這個領域的競爭對手
也很多喔。

這時候能夠存活下
來的，就是操控能力、
導演能力和製作能力都
很強的人囉。

技術＋
創造力

好崇拜他們！

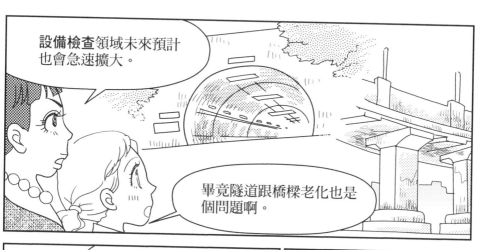

設備檢查領域未來預計也會急速擴大。

畢竟隧道跟橋樑老化也是個問題啊。

沒錯!所以《道路法施行規則》（與道路維持、修繕之命令與公告制度有關的規則）也逐漸跟上了腳步。

畢竟橋樑、隧道的設備檢查頻率與方法需依照法律規定實行。

另外，爬上高處時也一定會有跌落的風險。

OROT OROT

像這樣的設備檢查領域或許會是未來無人機市場的主軸喔。

事實上已經有許多企業開始測試用自動飛行的無人機來檢查設備了。

原來如此……

無人機在犯罪預防的領域也相當活躍喔。

因為可以從空中監視嗎？

沒錯！當有可疑人物或車輛靠近，比起固定的監視攝影機，無人機可以獲得更清楚的資訊，有助於追蹤及捕捉。

靠近　無人機監視　攝影機監視

可疑車輛

可疑人士

不過，因為目前的航空法規定要在目視範圍內飛行，所以——

目視

監視

操控員就看得到了…

目前只適用於自家公司工廠內之類的地方。

原來如此

另外，許多企業會在室內工作上活用無人機。

除此之外，無人機在行政上的應用也備受期待喔。

除了前面提到的領域，警察、消防、救援及醫療等也都面臨著人手不足的問題。

火災現場搜索

犯罪現場搜索

救援

因為無人機可以迅速前往一般人到不了的地方嘛。

最後，無人機在物流領域也被認為有很大的發展潛力喔。

目前運送業的人手也是嚴重不足。

我在新聞上有看到！

雖然業者與政府曾做過各種配送實驗……

· 國家戰略特區的配送實驗
· 郵局間貨物運送（福島）
· 以一般使用者為對象的離島無人機商用配送服務
· 電子商務產品的無人機配送實用化

小型無人機的飛行Level

Level 1	視距內的操控飛行
Level 2	視距內飛行（無操控）
Level 3	無人地區的視距外飛行（無配置輔助者）
Level 4	有人地區的視距外飛行（無配置輔助者）

※源自「小型無人機之環境整備的官民協議會」中「空中產業革命的技術路線」的飛行Level定義。

問題在於如何克服《航空法》上的問題啊。

如果要把藥物或物資送到離島、深山地區，明明無人機會方便許多啊。

沒錯沒錯，所以啊。

為此必須鬆綁相關規定。

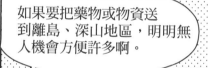

要是有限制飛行，就沒辦法應用在相關產業上了……

Level 3
・離島、深山的物資運送
・調查受災狀況、搜尋行蹤不明人士
・規模龐大的建設檢查
・河川測量等

以後這些都可以靠無人機幫忙耶！

鏘鏘

所以說！！

日本政府於2018年的秋天鬆綁了與Level 3有關的規定喔！

載人無人機就是可以載人的無人機喔。

這麼說來，天馬小姐也說過「不久後，一定會出現可以載人的無人機」的樣子…

載人無人機並不是虛無飄渺的未來喔！現在已經在開發了。

咦！

真的嗎！？

說不定在不久的未來，真的會出現人們在空中來回穿梭的景象呢！

從約20萬年前人類誕生以來，我們的祖先一直生活在二維空間中。

後來開發出了飛機，使我們的生活擴張到了三維空間……

想必未來無人機會成為物流和移動的手段之一吧。

1. 無人機產業的市場規模 ::::::

　　目前已有許多智庫與研究公司公布未來的無人機產業市場預測報告。譬如由Research Station, LLC公布的國外最新研究「全球無人機服務市場：2025年時，無人機於各產業、各用途的預測」中便指出，無人機服務的全球市場規模從2018年到2025年會成長約15倍。

　　另外，Impress公司發表的「無人機產業調查報告書2019」寫道，日本國內的無人機產業從2018年到2024年會成長約5.4倍〔春原久德、青山祐介，Impress綜合研究所：無人機產業調查報告書2019，Impress（2019）〕。

　　由這樣的市場預測資料就可以知道，全球無人機產業的市場規模成長比例，預估會是日本的三倍。

　　此外，在「無人機產業調查報告書2019」對日本國內市場的預測中，估計2024年時，各領域的市場規模依序為設備檢查（1,473億日圓）、農業（760億日圓）、物流（432億日圓）、其他服務（251億日圓）、土木建築（219億日圓）、室內（210億日圓）、犯罪預防（131億日圓）及空拍（91億日圓）。

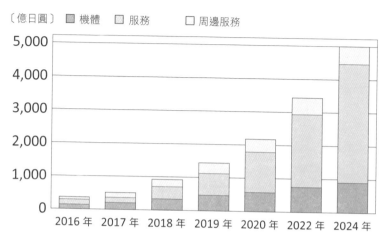

〔億日圓〕 ■ 機體　□ 服務　　□ 周邊服務

●日本國內無人機產業市場規模的預測
　（引用自Impress綜合研究所網站：無人機產業調查報告書2019）

提升無人機的技術後，妳想用來做什麼？

2. 未來可能大幅成長的設備檢查業務 ::::::

　　大型建築可以用無人機進行設備檢查，包括橋樑、隧道內壁、屋頂、太陽能板、風力發電所的設備、高壓電線、高壓電塔及商業／住宅大樓的外壁等。

　　日本在戰後的快速成長期中，於短時間內蓋出了許多橋樑與隧道等基礎建設。等使用年限一到，這些建設便會一齊老化，會造成很大的問題。像是檢修成本過高、技術人員不足等問題早已迫在眉睫。

　　2019年，日本國土交通省道路局國道技術課的「橋樑定期檢查要領」中提到，由國土交通省等單位所管理之長度大於2.0 m的橋樑，每過五年須進行一次檢查，並要請對橋樑有一定知識或相關技能的人近距離目視，必要時須併用觸診、輕敲（由聲音判斷建築狀況）等非破壞方式檢查橋樑。

　　也就是說，檢查時必須「目視」。不過，日本政府目前也傾向於修正這個規則，讓相關人員也能用無人機進行設備檢查。

　　瞭解到規則的修正方向後，日本電氣公司試著開發能夠輕敲橋樑，判斷橋樑表面是否有凸起或剝離的檢查用無人機。這種無人機會用槌子輕敲橋墩或橋的表面，由聲音與震動的差異判斷是否有凸起或剝離的狀況。未來他們也會繼續開發能分離無人機的飛行聲音與敲打聲音，並由聲音波形自動判斷是否有凸起或剝離狀況的軟體，同時持續改良無人機，使其能在氣流不穩的橋下穩定飛行。

●檢查橋樑表面是否有凸起或剝離狀況的無人機
（照片提供：日本電氣）

　　另外，使用搭載了紅外線攝影功能的無人機，可以檢查出太陽能板的異常或故障位置，用以判斷太陽能板是否有老化的現象。甚至可以說，用無人機來檢查太陽能板，在檢查精確度、安全性、成本及花費時間上，都比目視檢查的方式還要優異。另外，搭載紅外線攝影機的無人機也可用於檢查商業大樓或住宅大樓外牆磁磚是否有凸起。凸起的外牆磁磚，表面溫度的變化會比其他外牆部分還要劇烈，所以可以藉由這種溫度差異來檢查外牆是否正常。

3. 已廣泛應用在農業領域的無人機 ::::::

無人機可活躍於農業領域中的以下領域。

農藥噴灑：以無人機裝載農藥，於空中噴灑。
精準農業：用無人機管理田地與農作物。
害獸處理：用無人機監視有害於農作物的野生動物。

（1）農藥噴灑

日本有許多狹窄的田地，用直升機噴灑農藥時會有農藥飛散（農藥灑到旁邊無關的農作物上）的問題，而且直升機本身也很貴，所以以前多數地區都是用人力背著農藥在田地裡噴灑。不過，在高齡化越來越嚴重的現在，人工噴灑農藥所消耗的時間、人力及成本問題越來越難解決。另一方面，如果用無人機，光是噴灑速度就可以是人力的六倍快。目前相關機構也在嘗試開發可以在自動飛行時噴灑農藥、粒劑及種子的機體。

不過，用無人機噴灑農藥時，屬於《航空法》中的物件投下與危險物品運送，須事先向國土交通省申請許可。另外，雖然法律沒有規定，不過慣例上還是會向一般社團法人農林水產航空協會（農水協）註冊空中噴灑用機體，並向該協會所屬的都道府縣協議會提出「事業計畫書」。

（2）精準農業

　　所謂的精準農業，指的是以提升農作物產量與品質為目標，觀察田地的農作物狀態，並以觀察結果訂定未來計畫的一連農業管理方法。在美國或澳洲等廣大農地中，很難徒步確認每個農作物的狀態。這些國家都有其發展精準農業的背景，過去他們會透過遙測技術（remote sensing），用人造衛星搭載的紅外線或可見光攝影機，觀察農地的情況與農作物生長狀況。然而要是農場不夠大的話，就不大適合導入這種技術，但只要改用無人機，就可以大幅減輕精準農業的成本與時間，在相對狹小的農場也可以使用，精確度也比過去還要高上許多。

　　相對的，在日本國內，農作物的管理多依賴農民自身的豐富經驗或敏銳的直覺。然而隨著農民平均年齡老化，僅憑經驗與直覺管理田地與農作物也變得越來越困難。甚至演變成沒人想耕田，造成棄耕地增加的問題，使得越來越多人選擇將棄耕地販售給農業法人或租給他人。於是，以無人機進行的精準農業便開始受到矚目。

　　導入無人機後，將過去仰賴經驗與直覺管理的各個因素陸續數據化，使農民能用科學化的方式管理田地，且農民不只可以分析可見光攝影機的資訊，還可透過搭載多光譜攝影機（multispectral camera）或高光譜攝影機（hyperspectral camera）的無人機自動航行，蒐集到人眼難以看到的資訊，並進行分析。

將無人機導入農業領域後，可以創造出新的產業與工作，即使是新手農民，也能輕易上手管理田地，使農作物品質與生產力維持在一定的品質。農業領域在導入無人機後，可以讓原本以類比環境為主的農業一口氣轉變成數位環境。

（3）害獸處理

報紙或電視新聞上常可看到，害獸對現在的日本農民來說是一大問題。依照日本農林水產省的「全國野生鳥獸造成的農作物受損狀況」，2017年中，光是鳥獸造成的農作物受損金額就高達164億日圓。而且，因為地方人口急速老化與人口遽減，做為緩衝地區的郊山也逐漸減少，使這些鳥獸不只造成農損，對人類的直接傷害也越來越頻繁。

欲解決害獸問題，通常會透過狩獵、驅逐、設置陷阱等方式防止侵入，還有砍伐未管理果樹、割草以除去覓食與躲藏地點等，但負責這些工作的人也面臨著老年化嚴重的問題。

於是，相關單位開始採用搭載高性能攝影機或紅外線攝影機的無人機，調查害獸生態，在動線上設置陷阱，或者在無人機上裝設燈光或擴音器以驅逐害獸。譬如神奈川縣便設置了「神奈川鳥獸受害對策支援中心」，導入無人機，調查害獸造成的損失，監視防獸電網與陷阱的設置狀況等。

4. 可望應用在物流領域的無人機 ::::::

　　以2011年為轉捩點，日本人口從增加轉為減少，以物流業貨車司機為首的各職業也面臨著嚴重的勞動力不足問題。未來隨著少子化、老年化的進展，生產年齡人口將逐漸減少，相關問題會越來越嚴重。

　　另外，在人口分布過疏的地區，因為貨物總量減少，對物流業者來說入不敷出；電子商務（線上商店）網站的通訊販售規模迅速擴大、用網路進行個人間買賣的業務也陸續增加，這些原因都造成了少量配送的委託急遽增加。

　　也就是說，由於消費者的生活型態出現了巨大變化，使得物流需求也跟著大增，運送的少量化、高頻率化皆使運輸效率逐漸下降。這些問題在人口稀疏地區特別嚴重，有些地方甚至連購買食物等日常生活的必需品也有困難，引起了所謂「購物弱勢者」的問題。為了減少環境負荷，如何確保物流能夠永續經營，成了現在最緊要的問題。

　　而且近年來，因豪雨、地震等自然災害造成陸上交通中斷的情況越來越頻繁。為了在發生大規模災害時可以維持物流功能，平時就能確保多種貨物運輸手段的重要性也日漸增加。而無人機被認為是解決這些物流問題，且能提升服務水準的解方。

　　雖然無人機的物流業務距離實用化還有一段距離，不過前面提到過的「無人機產業調查報告書2019」中預測，2024年時，無人機的物流市場可達432億日圓，是繼設備檢查領域及農業領域之後，規模第三大的無人機產業市場。事實上，在日本政府發表的「空中產業革命的技術路線2019」中也有提到，未來將會鬆綁包含第三方上空在內的有人地區目視外

飛行，也就是「Level 4」的相關規定，目標是實現無人機在都市物流及警備上的應用。

5. 無人機能應用在其他服務業領域，對社會做出高度貢獻 ::::::

　　無人機比直升機要小很多，可以低空飛行，墜落時的損害也較低，在重要人士或重要設施的維安上很好用，可以進入狹窄的空間為其一大優點。

　　日本防衛省（類似臺灣的國防部）於自衛隊隊員的2019年度職業訓練課程中，新設了與考取無人機操縱士執照有關的科目，並說明這是因為他們預期無人機在防災、警備、測量上的需求會日漸增加，故需強化隊員的無人機操控能力。這些課程除了可以增加自衛隊隊員轉職時的選擇，也可增加自衛隊使用無人機的機會。事實上，在2018年北海道勇拂郡厚真町的地震後，陸上自衛隊就用了共8台無人機來勘查當地的損害狀況及搜尋受難者。未來也打算陸續添購新的無人機產品。

　　消防防災領域也陸續引入了無人機來執行任務，主要是因為無人機可以在災害現場迅速蒐集大範圍資訊。在2016年的熊本地震、糸魚川市大規模火災、2017年的九州北部豪雨等大規模災害中，已實際投入無人機來參與救災。面對未來很可能會發生的南海海槽地震或其他廣範圍的災害時，無人機可望在緊急消防救援隊的消防活動偵查系統中扮演關鍵角色。

　　另外，在消防防災領域的水難救援救援中，未來無人機也很可能被應用於運送救生圈、AED、搬運救援繩等等。也就是說，無人機可以輕易抵達人類難以靠近的地區、狹窄的

●擁有耐火性的全球第一個耐火型無人機QC730FP
　（照片提供：ENROUTE）

道路、住宅密集地等地區，因此在這方面的應用上被寄予厚
望。

　　不過用於火災救難時，機體也會接觸到高溫，可能會因
此故障或燃燒，最多只能靠近到火災現場上空50 m左右的地
方。於是ENROUTE公司參加了由國際研究開發法人——新
能源・產業技術綜合開發機構（NEDO）發起的「藉由機器
人、無人機的活躍打造節能社會之計劃」，著手研究及開發
能夠在災害現場迅速協助救援活動和確認狀況的「耐火型無
人機」。

　　另外，日本警視廳也開始將無人機用於鑑識活動，訓練
相關人員用無人機搜尋事件中遭遺棄之屍體。從2018年起，
亦將無人機用於火災現場勘查，將無人機能在短時間內調查
大範圍區域的優點，應用在搜尋及現場鑑識等工作上。

6. 無人機應用在精密度有著飛躍性提升的土木、建築領域 ......

2024年，無人機在土木建築領域的市場規模可望成長到219億日圓。具體來說，主要用途包括測量及工程進度狀況的攝影等。

在日本的測量領域中，若技術員要執行國家或地方政府所實施的基本和公共測量任務，必須擁有《測量法》所規定的測量士或測量士補資格才行。而且，測量業者依照《測量法》成立的營業所中，必須有一名以上的測量士，才能承接這些測量任務。另外，以土地登記為目的的測量，必須由擁有土地家屋調查士資格的人執行才行。

在如此嚴謹的基本測量與公共測量作業中，國土交通省為了提升整體建設生產系統的生產性，打造有魅力的建設現場，於2015年時開始推動「i-Construction」計劃。這是為了將以前處於類比環境的土木、建築現場條理化，透過改善經濟環境來提高勞動水準，在管理、營運過程中導入自動化與ICT系統，以提高生產性為目標。

而無人機也被活用於建設現場的品質管理與安全管理。大型工程包商竹中工務店在建設大阪府吹田市足球場的施工過程中，就有用到無人機進行品質管理與安全管理。

最近隨著RFID（Radio Frequency Identification）的普及，人們越來越常用無人機在建設現場進行資材管理。「RFID」是一種利用近距離無線通訊進行自動辨識的系統或相關零件，可透過無線通訊辨識、管理附有IC tag的各種對象。通常建築資材會存放在範圍廣大的資材現場，無人機可以自動讀取貼附在資材上的RF tag，然後在地圖上顯示資材的位置，這樣現場人員就可以在不需人為清點的情況下管理

庫存量，並瞭解各資材的存放地點。室外資材管理原本需要繁瑣的過程與大量勞力，不過目前已經有公司開始提供相關的自動化服務系統。

7. 不受日本《航空法》與其他各種規定限制的室內應用

無人機的利用常受限於《航空法》等規定。不過，如果是在有牆壁、天花板或網子圍住的室內，就不受《航空法》的限制了。

舉例來說，BLUE INNOVATION公司進口、販售的室內設備檢查無人機「BI inspector ELIOS」，是瑞士Flyability公司製造的設備檢查用球形無人機，這個無人機的外圍有一個直徑40 cm的碳纖維製球狀外框包著本體，並搭載了Full HD攝影機與熱感應攝影機，總重量約為700 g。這樣的結構讓這種無人機能在下水道、鍋爐等無法使用GPS，且狹小又陰暗的室內檢查設備。

綜上所述，無人機可以進入下水道、鍋爐等室內危險場所，不須人員親自進入就可以完成設備檢查，可保護相關人員的安全，且以前要花好幾天才能完成的任務，無人機只需要幾個小時就可以完成了，故無人機也可望提升作業效率。另外，導入無人機也可以大幅削減人事費用、減少花費的時間與成本。

8. 擁有利基市場，又能高度貢獻社會的預防犯罪應用

應該不難想像，無人機可提升高處及大範圍內警備工作的效率，也可提升設備檢查、管理的效率。譬如SECOM公司就有使用無人機來協助警備和監視服務。

無人機的自律飛行可以定期巡迴設施內的各個角落。從上方拍攝時，也可以減少以往固定式攝影機的死角，進行廣範圍的攝影，亦可用來監視屋頂之類一般人員難以出入的危險場所。另外，如果無人機和設施內的感應器能夠協同作業，當感應器偵測到異常，就會自動驅使無人機自律飛行至現場確認異常狀況，並進行攝影。

9. 無人機在空拍領域的應用

無人機基本上都裝有攝影機，所以一提到無人機相關產業，人們通常會先想到空拍。不過無人機在空拍領域的市場已幾乎飽和，未來不大可能繼續擴大。

電視廣告、MV、綜藝節目對無人機的空拍畫面需求日漸增加，有些頂級的無人機操控員年收入甚至超過1億日圓。不過這種工作通常會透過經紀公司委託特定的頂級無人機操控員，很少能輪到新手操控員來接委託。而且，向國土交通省航空局申請許可的件數年年增加，競爭對手越來越多，附屬在無人機上的攝影機、鏡頭的性能也逐年提高，現在每個人都有辦法拍出漂亮的空拍畫面，卻也讓新手越來越難加入競爭。考慮到這點，就算新手操控員花很多時間磨練自己的技藝，大概也很難在空拍領域中獲得相應的收入。

不過，像是婚禮攝影、賽車運動攝影之類動作迅速的運動攝影、能拍出鮮豔朝霞或晚霞等特殊天氣景象攝影等，要接下這種有特定主題、特殊需求的攝影委託，就需要磨練某些技能知識（knowhow）才行。在擁有優秀的空間掌握能力與預測能力，可以拍出立體、動態影像的無人機操控員中，中村聰志對自己的技藝很有自信地說「我的空間掌握能力大概是一般人的十倍左右。拍攝摩托車競速比賽時，我只要讓無人機繞著賽場飛兩三次，就大概知道要怎麼拍才能拍出生動的影像」。中村聰志在YouTube的無人機相關影片總播放次數達200萬次，已經是一名世界級的專業無人機操控員。

●職業無人機操控員。中村聰志先生
　（©JOI／@balisatoshi／吉田茂俊）

10. 開創無人機相關的新產業時，也要 ⋮⋮⋮⋮⋮ 參考政府政策

　　以上介紹了無人機在設備檢查領域、農業領域、物流領域、其他服務領域、土木建築領域、室內領域、犯罪預防領域、空拍領域的應用。未來還有可能出現目前還沒人預測到的無人機產業，這種無限的可能性可以說是無人機的一大魅力。請各位也別把焦點只放在既有的產業上，試著去探尋還沒有人想過的無人機產業藍海。

　　不過，在開創無人機相關的新產業時，也必須參考政府政策。政府往往會針對亟需解決的社會問題投入龐大的費用與人才進行研究，作出對策，這就是所謂的政策。所以說，若要順著政府的政策打造新產業，至少要避免掉完全沒有市場性的項目。像是內閣府與經濟產業省的網站上，就有公布無人機產業的技術路線可供參考。

11. 空中計程車計畫 ⋮⋮⋮⋮⋮

　　日本經濟產業省於2018年末公布了以空中移動革命為目標的官民協議會資料「空中移動革命的技術路線」。這個技術路線藍圖的焦點為「空中計程車」，即電動、垂直起落、無操控者的航空機。希望能透過官民合作的技術開發與制度建立，實現這種簡便的空中移動方式，解決都市與地方的相關課題。

　　不過，要達成這個目標，在制度建立、機體與技術的開發上，還有許多待解決的問題。大阪府預計於大阪市此花區夢洲及舞洲進行實證實驗。他們結合當地中小企業的技術，

計劃開發出能夠持續飛行一個小時，有六個螺旋槳的單人座機體「空中計程車」，並預定於2025年的大阪世界博覽會試飛。

另一方面，也有人認為無人機在「空中計程車」的應用已非無人，故不能算是無人機。不過當然，無人機的「人」，指的是操控員。相對的，我們也可以預期到，未來「有人航空機」會逐漸轉變成「無人航空機」。

另外，若要在都市運送貨物或人，最重要的自然是開發出能夠安全飛行的機體，不過，建立一套能管理這些機體航行的社會系統也十分重要。就目前最新的技術而言，要實現這樣的系統並非不可能。所以在不久的未來，用無人機載運貨物或人的想法很可能會實現，這在解決勞動力不足等嚴重的社會問題上有很大的貢獻，讓我們能建構出一個不會因為人為失誤造成而交通事故的安全、安心社會。

數個月後

我想用無人機來做什麼呢……

我想幫助那些和過去的我很像的人。

沒有希望……

每天都在忍受著各種雜事……

如果無人機可以幫上人們的忙，

大家就有更多時間去做更有創造力的事了。

用無人機讓人過得更像個人

這就是我想打造的公司！

空中產業

Memo

附錄：
臺灣無人機相關法規

遙控無人機管理規則

修正日期：民國 110 年 07 月 14 日

法規類別：行政 > 交通部 > 航空目

第一章　總則

第 1 條

本規則依民用航空法（以下簡稱本法）第九十九條之十七規定訂定之。

第 2 條

本規則用詞，定義如下：

一、遙控設備：指遙控無人機系統中，用於操作遙控無人機之設備。

二、通訊及控制信號鏈路：指遙控無人機及遙控設備間為操作飛行管理目的之資料鏈接。

三、最大起飛重量：指含機體、燃料、電池、負載設備及酬載等遙控無人機設計重量。

四、遙控無人機操作人（以下簡稱操作人）：指於遙控無人機飛航活動期間，實際操控遙控無人機或指揮監督飛航活動之人。

五、延伸視距飛航：指操作人於視距外，藉由目視觀察員於其半徑三百公尺範圍內與遙控無人機保持直接目視接觸，並提供遙控無人機操作人必要飛航資訊之操作方式；延伸視距最大範圍為以遙控無人機操作人為半徑九百公尺、相對地面或水面高度低於四百呎內之區域。

六、目視觀察員：指持有遙控無人機操作證（以下簡稱

操作證）並於遙控無人機活動期間，提供實際操控遙控無人機之操作人必要飛航資訊之人。

七、電子商務：指透過網際網路進行有關商品或服務之廣告、行銷、供應或訂購等各項商業交易活動。

第3條
遙控無人機依其構造分類如下：

一、無人飛機。

二、無人直昇機。

三、無人多旋翼機。

四、其他經交通部民用航空局（以下簡稱民航局）公告者。

第4條
遙控無人機所有人（以下簡稱所有人）及操作人應負飛航安全之責，對遙控無人機為妥善之維護，並從事安全飛航作業。

第5條
遙控無人機於飛航活動期間，操作人有二人以上者，應於飛航活動前指定一人為決定權人，未指定前不得從事飛航活動。

第二章　遙控無人機註冊及射頻管理

第6條
自然人所有之最大起飛重量二百五十公克以上之遙控無人機及政府機關（構）、學校或法人所有之遙控無人機，應由其所有人檢附下列文件向民航局申請註冊，並

於註冊完成後，將民航局賦予之註冊號碼標明於遙控無人機上顯著之處後，始得操作：

一、自然人：檢附申請書（附件一）及國民身分證或僑民居留證明影本。

二、政府機關（構）、學校及法人：檢附申請書（附件一）及其登記證明文件。

前項所有人屬自然人者，應年滿十六歲；未滿二十歲者，應另檢附其法定代理人之同意書。

下列資料有變更者，所有人應檢附第一項申請書及登記證明文件，向民航局申請變更註冊：

一、所有人名稱。

二、戶籍或登記地址。

三、聯絡電話。

第 7 條

遙控無人機有下列情形之一者，其所有人應於事實發生日起十五日內，向民航局申請註銷註冊：

一、滅失。

二、損壞致不能修復。

三、報廢。

四、永久停用。

五、所有權移轉。

第 8 條

註冊號碼應依下列方式標明於遙控無人機上顯著之處：

一、以標籤、鐫刻、噴漆或其他能辨識之方式標明，且應確保每次飛航活動時不至脫落並保持清潔、明顯使能辨識。

二、標漆位置應為遙控無人機之固定結構外部。

三、其顏色應使註冊號碼與背景明顯反襯，且以肉眼即
　　能檢視。

第 9 條

註冊號碼不得偽造、變造或矇領，並不得借供他人於未
註冊之遙控無人機上使用。

第 10 條

註冊號碼之有效期限為二年，所有人得於期限屆滿前
三十日內，檢附第六條第一項規定之文件，向民航局申
請延展有效期限。

第 11 條

最大起飛重量超過一定重量之遙控無人機應具有射頻識
別功能，其一定重量，由民航局公告之。

第 12 條

最大起飛重量一公斤以上且裝置導航設備之遙控無人
機，應具備防止遙控無人機進入禁航區、限航區及航空
站或飛行場四周之一定距離範圍之圖資軟體系統，其圖
資應符合本法第四條劃定及第九十九條之十三第一項公
告之範圍。

中華民國一百十五年起申請註冊且裝置導航設備之遙
控無人機，應具備防止遙控無人機進入禁航區、限航
區、航空站或飛行場四周之一定距離範圍及直轄市、縣
（市）政府公告禁止、限制區域之圖資軟體系統，其圖
資應符合本法第四條劃定及第九十九條之十三第一項及
第二項公告之範圍及區域。

遙控無人機之設計、製造、改裝者應保持前二項圖資
軟體系統資訊之正確性，並適時提供所有人或操作人更
新。

第三章 遙控無人機系統檢驗、製造者與進口者之登錄及責任

第 13 條

遙控無人機之設計、製造、改裝，應由設計者、製造者或改裝者檢附申請書（附件二），向民航局申請型式檢驗，經型式檢驗合格者，發給型式檢驗合格證（附件三），並發給型式檢驗標籤（附件四）。

自國外進口之遙控無人機，應由進口者依第一項規定，向民航局申請型式檢驗，或檢附申請書（附件五），向民航局申請認可。經認可者，發給認可證明文件及認可標籤（附件四）。

前二項之遙控無人機，其形式構造簡單經民航局公告者，得免辦理檢驗或認可。

第 14 條

遙控無人機於設計、製造、改裝階段為檢驗性能諸元所需之試飛，應遵守附件六之試飛活動管理規定，並檢附下列文件，向民航局申請核准：

一、試飛場地之規劃、協調及申請。

二、試飛區域之申請、安全及管理。

三、遙控無人機及其相關設備檢驗基準符合性聲明。

四、遙控無人機地面檢驗及測試資料。

五、試飛計畫。

六、試飛操作人之資格。

七、飛航安全相關事件之通報及處理。

第 15 條

最大起飛重量二十五公斤以上之遙控無人機，為確保遙

控無人機符合設計、製造、改裝之性能諸元，應由其所有人檢附申請書（附件二），向民航局申請實體檢驗，經檢驗合格者，發給實體檢驗合格證（附件七）。

最大起飛重量二十五公斤以上之遙控無人機，為自行製造、使用者，其所有人應檢附前項申請書，向民航局合併申請型式檢驗及實體檢驗。經檢驗合格後，發給特種實體檢驗合格證（附件八）。

實體檢驗合格證之有效期限為三年；特種實體檢驗合格證之有效期限，由民航局依其設計、製造、改裝之性能諸元，註記於合格證上，最長不得逾三年。

實體檢驗合格證及特種實體檢驗合格證應於屆期前三十日內，由其所有人檢附原檢驗合格證影本，向民航局申請重新檢驗。

第 16 條

實體檢驗合格證或特種實體檢驗合格證之記載事項變更時，應由其所有人於事實發生之日起十五日內，檢附原檢驗合格證，向民航局申請審查合格後換發。

遙控無人機各項檢驗合格證遺失或損毀時，應由其所有人敘明理由，向民航局申請補發或換發。

第 17 條

遙控無人機製造者或進口者於販售或進口前，應向民航局申請辦理產品資訊登錄，並於產品或包裝上標示最大起飛重量、註冊程序、型式檢驗標籤或認可標籤、實體檢驗說明、操作限制說明、管理及違規裁罰等資訊。

遙控無人機製造者或進口者利用電子商務服務系統販售遙控無人機時，應於電子商務服務系統明顯處以中文將下列文字合併標示。其透過代理商、經銷商或其他第三

人販售遙控無人機者，亦同。

一、最大起飛重量二百五十公克以上遙控無人機應辦理
　　註冊。

二、遙控無人機活動前應注意活動區域與遵守操作規
　　定。

三、相關活動區域及操作規定資訊，請見民航局網站及
　　遙控無人機圖資行動應用程式。

自行製造、使用之遙控無人機，其所有人應依第一項規
定辦理產品資訊登錄。

第 18 條

最大起飛重量二十五公斤以上遙控無人機系統因設計、
製造或改裝之缺失致有不安全之情況時，設計者、製造
者或改裝者應針對該缺失採取補正措施。

設計者、製造者或改裝者應於發現缺失之日起三十日
內，以書面向民航局提出報告。但有正當理由，並申請
民航局核准延展者，不在此限。

第四章　遙控無人機操作人之測驗及給證

第 19 條

下列遙控無人機之操作人應持有民航局發給操作證後，
始得操作：

一、政府機關（構）、學校或法人所有之遙控無人機。

二、自然人所有之最大起飛重量二公斤以上未達十五公
　　斤且裝置導航設備之遙控無人機。

三、自然人所有之最大起飛重量十五公斤以上之遙控無
　　人機。

第 20 條

遙控無人機操作證分類、申請者年齡及其他規定如下：

一、學習操作證：申請者應年滿十六歲，經申請後，由民航局發給。

二、普通操作證：申請者應年滿十八歲，經學科測驗合格後，由民航局發給。

三、專業操作證：申請者應年滿十八歲並符合相關經歷規定後，經體格檢查及學、術科測驗合格後，由民航局發給。

前項各類操作證之操作權限如下：

一、學習操作證：持有人得於持有遙控無人機普通操作證或專業操作證之操作人在旁指導下，依其普通操作證或專業操作證所載之構造分類，學習操作最大起飛重量未達二十五公斤之遙控無人機。

二、普通操作證：持有人得操作自然人所有最大起飛重量二公斤以上、未達十五公斤且裝置導航設備之遙控無人機。

三、專業操作證：持有人得操作政府機關（構）、學校或法人所有之遙控無人機及自然人所有最大起飛重量十五公斤以上之遙控無人機。

第一項各類操作證之申請資格、測驗項目、測驗報名規定、體格檢查證明文件、操作權限及教學資格如附件九；學、術科測驗申請書、操作證申請書如附件十及附件十一。

遙控無人機之構造、重量、操作限制及教學資格應於操作上加註之。

第 21 條

術科測驗時，應由應考人自備符合附件十二規定之遙控無人機應考。

第 22 條

申請遙控無人機專業操作證者，其術科測驗應於學科測驗通過日起一年內完成；未完成者應重新申請學科測驗。

遙控無人機操作證申請者之術科測驗成績不及格者，就其不及格部分得於收到成績通知三十日後申請複測。

遙控無人機操作證申請者應於測驗合格完成日起三十日內，檢附學、術科測驗合格文件向民航局申請發證。但有正當理由，並申請民航局核准延展者，不在此限。

第 23 條

操作證之有效期限為二年。

普通操作證及專業操作證之持有人得於屆期前三十日內檢附二年內之半身照片及有效操作證影本，向民航局申請換證。但各類專業操作證應經重新體格檢查及測驗合格後辦理換證。

專業操作證之持有人增加不同構造、重量、高級術科測驗項目者，應經民航局術科測驗合格後辦理加簽。

第 24 條

遙控無人機操作證之記載事項變更時，應由其持有人於事實發生之日起十五日內，檢附原操作證，向民航局申請換發。

遙控無人機操作證遺失或損毀時，應由其持有人敘明理由，向民航局申請補發或換發。

第五章　操作限制及活動許可

第一節　一般操作規定

第 25 條

操作人從事遙控無人機飛航活動前，應依遙控無人機製造者所提供之維修指引對遙控無人機系統進行檢查，符合安全飛航條件後始得活動。

第 26 條

操作人從事遙控無人機飛航活動前，應考量下列情形：

一、操作區域環境，包括氣象條件、空域、飛航限制及其他空中或地面之危害因素。

二、遙控無人機一般操作、緊急程序及規定。

三、遙控設備與遙控無人機間之通訊及控制信號鏈路情況良好。

四、攜帶足夠之燃油或電池容量，並經考慮氣象預報狀況、預期之延誤及其他可能延誤遙控無人機降落之情形。

第 27 條

操作人操作遙控無人機應遵守下列事項：

一、血液中酒精濃度不得超過百分之零點零二或吐氣中酒精濃度不得超過每公升零點一毫克。

二、不得受精神作用物質影響，導致行為能力受到損傷。

三、不得有危害任何生命及財產之操作行為。

第 28 條

操作人從事遙控無人機飛航活動時應遵守下列操作限

制：

一、應遠離高速公路、快速公（道）路、鐵路、高架鐵路、地面或高架之大眾捷運系統、建築物及障礙物三十公尺以上。

二、不得於移動中之航空器、車輛或船艦上操作遙控無人機。

三、最大起飛重量未達二十五公斤且裝置導航設備之遙控無人機最大飛行速度每小時不得超過八十七海浬或一百六十公里。

四、延伸視距飛航者，最大範圍為以操作人為中心半徑九百公尺、相對地面或水面高度低於四百呎內之區域，且目視觀察員應與遙控無人機保持目視接觸，並提供操作人必要之飛航資訊。

政府機關（構）、學校或法人依第三十二條第一項規定向民航局申請許可後，不受前項之限制。

第 29 條

操作人在操作時應對遙控無人機之飛航及其周遭狀況保持警覺，並確保察覺及避讓其他航空器、超輕型載具、遙控無人機或障礙物，並防止與其接近或碰撞。

第 二 節 政府機關（構）、學校或法人活動許可

第 30 條

政府機關（構）、學校或法人應檢附下列文件向民航局申請核准後，始得從事遙控無人機飛航活動：

一、登記證明文件。

二、遙控無人機系統清單、操作人員名冊。

三、作業手冊，內容如附件十三。政府機關（構）、學校或法人為執行業務需要，從事本法第九十九條之

十四第一項第一款至第八款之操作者，應於作業手冊中敘明操作限制排除事項之相關設備及程序。

前項核准之有效期限為二年，政府機關（構）、學校或法人得於屆期前三十日內，向民航局申請延展。

第一項第一款及第三款資料如有變更，政府機關（構）、學校或法人應於事實發生日起十五日內申請民航局核准後，始得從事遙控無人機飛航活動。

政府機關（構）、學校或法人應隨時更新第一項第二款資料。

第 31 條

政府機關（構）、學校或法人於禁航區、限航區及航空站或飛行場四周之一定距離範圍內從事遙控無人機飛航活動，應於活動日十五日前檢附活動計畫書（附件十四）提出申請，報請民航局會商目的事業主管機關同意。但禁航區、限航區、航空站或飛行場如有涉及軍事航空管理機關（構）管理之區域，應於活動日三十日前提出申請。

政府機關（構）、學校或法人於直轄市、縣（市）政府公告之禁止、限制區域內從事遙控無人機飛航活動，應於活動日十五日前檢附活動計畫書（附件十四）提出申請，報請直轄市、縣（市）政府會商相關中央主管機關同意。如有跨縣市活動時，應向起飛地點所在直轄市、縣（市）政府提出申請，經所在地及跨縣市政府同意。

前二項活動經民航局或直轄市、縣（市）政府同意後，應於每次活動前、後於指定時間內至民航局指定資訊系統登錄飛航資訊。

第一項及第二項之同意文件期限，以三個月為限。但經農政機關登記合格之法人於從事本法第九十九條之十四第一項第二款、第三款及第六款飛航活動時，以六個月為限；政府機關為執行業務者，以一年為限。

於本法第九十九條之十三第二項規定之區域從事遙控無人機飛航活動時，其活動申請，直轄市、縣（市）政府另有規定者，不受第二項規定之限制。

第 32 條

政府機關（構）、學校或法人從事本法第九十九條之十四第一項第一款至第八款規定之操作限制活動時，應於活動日十五日前檢附活動計畫書（附件十四）向民航局申請許可；於人群聚集或室外集會遊行上空活動，應檢附直轄市、縣（市）政府及相關中央主管機關同意文件。

前項活動應於每次活動前、後於指定時間內至民航局指定資訊系統登錄飛航資訊。

第一項申請之許可期限，以三個月為限。但經農政機關登記合格之法人於從事本法第九十九條之十四第一項第二款、第三款及第六款飛航活動時，以六個月為限；政府機關為執行業務者，以一年為限。

第 32-1 條

相關中央主管機關依第三十一條第二項或前條第一項規定之同意，得委託政府機關（構）或團體為之。

相關中央主管機關依前項規定為委託時，應將委託之對象、事項及法規依據公告之，並刊登於政府公報。

第 33 條

災害應變時，於各級政府依災害防救法規定劃定之警戒

區域或指定區域內，從事遙控無人機飛航活動應聽從各級政府災害應變中心指揮官統一指揮調度，並由各級政府災害應變中心向民航局申請同意。

災害之預防、復原重建或災害以外之緊急情況發生時，於權責機關劃定之警戒區或指定區域內，從事遙控無人機飛航活動應聽從現場指揮官或權責機關指定之現場負責人員統一指揮調度；如警戒區或指定區域位於本法第九十九條之十三第一項及第二項範圍內，由現場指揮官或權責機關指定之現場負責人員向民航局或直轄市、縣（市）政府申請同意；如活動涉及本法第九十九條之十四第一項第一款至第八款者，應向民航局申請核准。

前二項活動應於每次活動前、後於指定時間內至民航局指定資訊系統登錄飛航資訊。

第 34 條
政府機關為執行災害防救、偵查、調查、矯正業務等法定職務，需於本法第九十九條之十三第一項公告之航空站或飛行場四周之一定距離範圍內、第二項公告之禁止、限制區域內從事遙控無人機飛航活動或從事本法第九十九條之十四第一項第二款至第八款之活動，經申請民航局同意者，不受第三十一條第一項及第二項、第三十二條第一項規定之限制。

民航局得於前項同意文件內註明從事遙控無人機活動應注意事項。

第一項同意文件有效期限為二年，期限屆滿前三十日內，得向民航局申請延展。

第 35 條
政府機關（構）、學校或法人應保存遙控無人機之註冊

號碼、活動日期、活動區域或飛航軌跡、飛航時間、飛航性質、操作人員姓名、維護或修理、改裝等紀錄，並保存二年。

第六章　飛航安全相關事件之通報及處理

第 36 條

所有人或操作人於操作遙控無人機發生下列飛航安全相關事件時，應於發生或得知消息後二十四小時內填具飛航安全相關事件報告表（附件十五）通報民航局：

一、運輸事故調查法所規定之遙控無人機飛航事故。

二、最大起飛重量二公斤以上且裝置導航裝置之遙控無人機遭受實質損害或失蹤。

三、於本法第九十九條之十三第一項至第二項範圍內從事活動之遙控無人機遭受實質損害或失蹤。

四、從事本法第九十九條之十四第一項第一款至第八款活動之遙控無人機遭受實質損害或失蹤。

五、發生與其他航空器或障礙物接近或碰撞之事故。

第 37 條

遙控無人機發生前條飛航安全相關事件，於有下列情形之一時，民航局得暫停遙控無人機之操作或飛航活動：

一、事件調查之需要。

二、為穩定當事人情緒。

三、為加強人員訓練。

四、其他影響飛航安全之情況。

第七章　附則

第 38 條

外國人領有外國政府之遙控無人機註冊、檢驗及操作證之證明文件者,應檢附下列文件向民航局申請認可後,始得依本法相關規定於臺北飛航情報區內從事遙控無人機飛航活動:

一、申請書(附件十六)。

二、護照影本。

三、外國或地區所核發之遙控無人機註冊、檢驗合格及操作證之證明文件;證明文件為英文以外之外文者,應附中文譯本。

前項外國人之遙控無人機註冊、檢驗及操作證認可,自發給之日起有效期限最長為六個月。

臺灣地區無戶籍之國民或外國人領有許可停留或居留六個月以上之證明(件)者及大陸地區人民、香港或澳門居民,經許可停留或居留一年以上者,得依第四章規定申請各項操作證。

外國政府機關(構)、學校或法人於臺北飛航情報區內從事遙控無人機飛航活動時,不適用第五章第二節之規定。

第 39 條

本規則各項申請及通報作業得於民航局所指定之資訊系統以電子化方式為之。

第 40 條

本規則各項申請費用依附件十七規定收取之。

第 41 條
於本規則施行前，經民航局檢驗合格或認可並取得相關證明文件之遙控無人機，其設計、製造、改裝者或所有人，得於本規則施行後，向民航局申請發給相關檢驗合格證或認可文件。

於本規則施行前，經民航局評鑑合格並取得相關證明文件之操作人，得於本規則施行後，向民航局申請發給相關操作證。

第 42 條
本規則施行日期，由交通部定之。

Memo

Memo

國家圖書館出版品預行編目資料

世界第一簡單無人機/ 名倉真悟著 ; 陳朕疆
譯. -- 初版. -- 新北市 : 世茂出版有限公司,
2022.02
　　面 ；　公分. -- (科學視界 ; 265)
　ISBN 978-986-5408-75-6(平裝)

　1.飛行器　2.遙控飛機　3.漫畫

447.7　　　　　　　　　　110019714

科學視界265

世界第一簡單無人機

作　　者 / 名倉真悟
編　　者 / ドローン大学校
審　　訂 / 林清富
作　　畫 / 深森あき
製　　作 / TREND・PRO
譯　　者 / 陳朕疆
主　　編 / 楊鈺儀
責任編輯 / 陳美靜
出 版 者 / 世茂出版有限公司
地　　址 / (231)新北市新店區民生路19號5樓
電　　話 / (02)2218-3277
傳　　真 / (02)2218-3239（訂書專線）
劃撥帳號 / 19911841
戶　　名 / 世茂出版有限公司
　　　　　　單次郵購總金額未滿500元（含），請加80元掛號費
世茂網站 / www.coolbooks.com.tw
排版製版 / 辰皓國際出版製作有限公司
印　　刷 / 傳興彩色印刷有限公司
初版一刷 / 2022年2月

ＩＳＢＮ / 978-986-5408-75-6
定　　價 / 360元

Original Japanese Language edition
MANGA DE WAKARU DRONE
by Drone College, Shingo Nakura, Aki Fukamori, TREND・PRO
Copyright © Drone College, Shingo Nakura, TREND・PRO 2019
Published by Ohmsha, Ltd.
Traditional Chinese translation rights by arrangement with Ohmsha, Ltd.
through Japan UNI Agency, Inc., Tokyo